아름다운 작은 도시
포트 콜린스에서 전해온

맛있는 풍경

아름다운 작은도시
포트 콜린스에서 전해온

맛있는 풍경

2015년 7월 15일 1판 1쇄 인쇄
2015년 7월 22일 1판 1쇄 발행

지은이 | 정혜경
발행인 | 최한숙
펴낸곳 | BM 성안북스
주소 | 121-838 서울시 마포구 양화로 127 첨단빌딩 5층(출판기획 R&D 센터)
413-120 경기도 파주시 문발로 112(제작 및 물류)
전화 | 02)3142-0036
031)950-6300
팩스 | 031)955-0510
등록 | 1978.9.18 제406-1978-000001호
출판사 홈페이지 | www.cyber.co.kr
이메일 문의 | heeheeda@naver.com
ISBN | 978-89-7067-289-2 (13590)
정가 | 16,800원

이 책을 만든 사람들
책임 | 전희경
편집 진행 | 소풍
교정 · 교열 | 김은정
일러스트 스타일링 사진 | 정혜경
본문 디자인 | 정혜경
표지 디자인 | 정혜경
홍보 | 전지혜
마케팅 | 구본철, 차정욱, 나진호, 이동후, 강호묵
제작 | 김유석

아름다운 작은 도시
포트 콜린스에서 전해온

맛있는 풍경

정혜경 지음

BM 성안북스

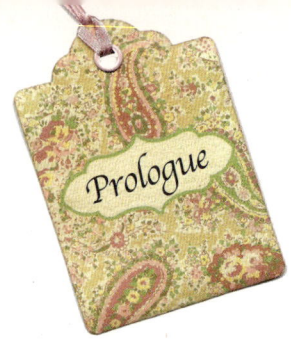
Prologue

나의 맛있는 풍경
이야기를 시작하며…

결혼 후 26년 동안 여기저기 돌아다니며 살았는데 지금 내가 이야기하고 싶은 이곳, 미국 콜로라도 주의 작은 도시 포트 콜린스는 결혼 후 가장 오래 머물고 있는 곳이자 이야기하고 싶은 것이 많은 곳이다. 어찌 보면 또 다른 나 자신을 발견하게 된 곳이기도 하다. 지난 날을 되돌아보면 어느 한곳에 뿌리 내리지 못하고 떠돌아 다니며 살다 보니 잠재의식 속에 잠깐 머무는 곳이지만 그곳에서 무엇인가 내게 의미 있는 일을 찾아 하고 싶었던 것 같다. 그리고 그 가운데 하나로 나의 요리와 소소한 일상 이야기를 담은 '맛있는 풍경' 책을 출간하기로 하였다.

2004년 여름, 다시 두 아이와 미국에 와서 중학생이던 지헌이와 경아를 키우며 몇 해 동안 참 많이도 힘들고 서로에게 상처도 주며 하루하루를 보낸 것 같다. 아이들은 낯선 미국 땅에 적응하느라 힘들었고, 나는 혼자서 두 아이를 건사해야 한다는 책임감에 매일매일을 긴장하며 엄마의 기준으로 기대치를 정해 놓고 아이들이 따라주지 못할 때엔 자연히 잔소리가 늘어갔다. 그런 생활을 하다 보니 아이들은 아이들대로, 나는 나대로 지쳐가던 생활에 어떤 돌파구가 된 것이 바로 사진과의 만남이었다.

사진에 대해서 아무것도 아는 것이 없던, 심지어 사진을 좋아하지도 않던 나는 어느 날 작은 디지털 카메라 하나로 포트 콜린스의 아름다운 자연을 담아내기 시작하면서 걷잡을 수 없이 사진의 매력에 빠져들기 시작했고, 주변의 모든 사물이 새롭게 보이기 시작했다. 눈에 보이지 않던 모든 사물이 나의 사랑스러운 피사체가 되어 의미 있는 오브제로 다가오기 시작한 것이다. 나의 사진들을 보면서 내가 담아내는 피사체가 따뜻해 보인다고 말씀해주시는 분들이 있는 것도 바로 이런 이유에서가 아닐까 싶다. 내 손에 카메라가 쥐어진 2004년부터 지금까지 카메라와 나는 마치 한 몸처럼 지내왔고, 사진으로 인해 나는 이곳 포트 콜린스에서 또 다른 새로운 삶을 살아가고 있다.

엄마의 욕심이 아닌 아이의 시선으로 두 아이를 바라보기 시작하면서 내 아이들을 더 존중하게 되었고, 나는 내가 하고 싶은 일을 찾으면서 비로소 아이들과 나의 마음에 평화를 찾게 됐다. 오랜 세월 첼로만 연주하며 살아온 내가 새로운 분야인 사진을 공부해보겠다고 늦은 나이에 용기를 내어 다닌 칼리지에서 사진과 그래픽 디자인을 공부하는 동안 학교 수업의 한 과정인 페인팅은 나의 영원한 또 다른 동반자가 되었다.

내가 즐겨 담는 피사체 중에는 내가 만든 음식이 빠질 수 없는데, 마냥 사진이 좋아 요리를

'자전거가 있는 풍경', 포트 콜린스의 올드타운(Old Town in Fort Collins)

할 때마다 찍어서 블로그에 올린 지 몇 해가 되어간다. 그러다 보니 어느덧 요리가 내 삶의 중요한 부분이 되어가고 있다. 블로그란 공간에서 나의 레서피를 나누는 즐거움과 소소한 이야기를 함께 공감해주시는 많은 분들이 계셔서 타국에서의 생활이 덜 외로웠는지도 모르겠다. 이젠 아름다운 포트 콜린스에서 살아온 나의 이야기를 더 많은 분들과 나누고자 맛있는 레서피와 함께 이 책에서 다시 풀어내려고 한다.

책에 올린 레서피는 나의 두 아이들과 함께 즐겨 먹던 음식들이다. 요리를 따로 배운 적이 없는 나는 서양 음식을 좋아하는 아이들을 위해 책이나 인터넷을 통해 맛있는 레서피의 도움을 받기도 했고, 혹은 밖에서 사 먹은 음식의 맛을 기억하며 비슷하게 만들어 나만의 레서피를 만들어왔다. 늘 새로운 레서피를 접할 때면 설레는 마음으로 어떤 음식이 만들어질까를 상상하며 만들곤 하는데 여느 엄마들처럼 나도 두 아이가 맛있게 먹어주는 모습이 흐뭇해 오늘도 새로운 레서피를 찾아 이 책 저 책, 혹은 인터넷을 뒤지며 맛있는 상상에 잠긴다. 내 작은 바람은 조금만 수고하면 집에서도 간단하게, 그리고 맛있고 멋지게 만들어 먹을 수 있다는 것을 많은 사람에게 알리는 것이다. 아직도 요리가 어렵다고 느끼는 분들께 나의 맛있고 따라 하기 쉬운 레서피를 많이 알려드리고 싶다.

레서피 중간 중간에 블로그에 기록해온 포트 콜린스에서 살아온 나의 이야기를 담았다. 감사하게도 나의 사진과 글을 통해 위로를 받았다는 분이 많았기 때문이다. 내 소소한 이야기가 가끔씩 권태롭다고 느껴질 때나 지친 생활에 작은 활력소가 되기를 바라는 마음에서, 혹은 용기가 없어서 소망을 마음속에만 담아두고 사는 분들에게 작은 희망의 메시지가 되었으면 하는 바람이다. 그리고 살아오면서 무덤덤하기만 했던 내가 평범한 일상에서 진정한 행복을 느낄 수 있게 되고, 가슴 따뜻한 분들에게서 받은 무언의 가르침을 작은 책 속에 담아 많은 분께 전달하고 싶은 마음으로 작업하고 있다.

나의 글이 비록 달필은 아니지만 그때그때의 솔직한 마음을 담아낸 글이기에 독자들께 진정으로 진심이 전달될 수 있기를 소망해본다. 단순히 나의 모습을 보여주기 위한 책이 아닌, 사람들과 책을 통해 치유와 위로 그리고 소통할 수 있는 따뜻한 책이 만들어지기를 매 순간 기도하면서 오늘도 나는 하나님께 감사를 드리며 하루를 시작하고 있다.

포트 콜린스에서…
정혜경

Introduction

〈맛있는 풍경〉은 미국에 살면서 즐겨 만들어 먹은 외국 음식과 홈메이드 베이킹 레서피, 그리고 콜로라도 주의 포트 콜린스에서 살고 있는 저의 소박하고 행복한 이야기입니다.

종류별 레서피마다 찾아보기 쉽게 귀여운 아이콘을 사용했어요.

My Story

맛있는 음식에는 언제나 그렇듯 따뜻한 이야기가 있게 마련입니다.
좋은 사람들과 나눈 맛있는 이야기입니다.

My Gallery

포트 콜린스의 아름다운 풍경을
사진과 그림으로 옮긴 저의 작은 갤러리 공간입니다.

Breakfast & Brunch

상쾌한 아침이나 브런치로 먹으면 좋은 레서피입니다.
행복한 하루를 시작하세요.

Kids' Meals

한창 자라나는 아이들은 뒤돌아서면 배가 고프다고 하지요.
아이들이 좋아하는 맛있는 영양 간식이랍니다.
사랑하는 아이들과 행복한 오후를 즐기세요.

Dinner

짧은 시간에 손님 초대 음식으로 맛있고 멋지게
준비할 수 있는 레서피랍니다. 특히 생선 요리는 생선을 좋아하지 않는 분도 즐기게 될지 몰라요. 저희 아이들이 그랬던 것처럼요.

*제가 사용한 계량 단위는요···

1컵 = 240ml
테이블 스푼(큰술)은 TS로,
티스푼(작은술)은 ts로 표기했어요.

Cakes & Breads

직접 구워 선물하는 케이크와 쿠키···.
상상만 해도 가슴 따뜻해지는 일이랍니다. 사랑하는 분께
이제부터는 정성껏 만든 홈메이드 베이킹을 선물해 드리세요.

Desserts

식사 후에 달콤한 뭔가가 먹고 싶었던 적, 없으신가요?
전 그렇더라고요. 가볍게 즐길 수 있는 맛있는 디저트와 함께
즐거운 상상 속으로 함께 떠나보아요.

Pies & Tarts

제철에 수확하는 풍성한 과일을 볼 때면 마음까지 풍요로워지고
감사함을 느낀답니다.
싱싱한 과일로 만든 바삭바삭한 파이와 타르트를 소개해 드려요.

Cookies

아이들과 함께 만들어보는 쿠키는 고소한 향기와 함께 아이들에게
따뜻하고 행복한 추억으로 남을 거예요. 그리고 작은 손놀림
하나하나에서 아이들의 창의력이 무궁무진하게 샘솟는답니다.

Contents

이야기 #1 행복한 한 접시

상쾌한 시작 Breakfast & Brunch

이야기 #2 달콤한 홈 베이킹

아름다운 선물 Cakes & Breads

즐거운 상상 Desserts

감사의 향기 Pies & Tarts

함께 만드는 행복 Cookies

새로운 레서피로
음식을 만들어 먹을 때마다
마치 새로운 곳을 여행할 때의
어떤 설렘 같은 것이 있어요.
맛있게 먹어주는 가족이 있어
작은 수고도 행복으로 변하지요.

제가 찾아나선
맛있는 여행으로 초대합니다.

이야기 #1

행복한 한 접시

따스함에 물들다

따스함에 물들다….

이른 아침의 따스한 햇볕에

닫혀 있던 문을 활짝 열어주었다….

따스함이 컴컴한 곳곳에 스며들 때까지….

오래도록….

상쾌한 시작

Breakfast & Brunch

바삭하고 폭신폭신한

맘즈 베스트 와플

Mom's Best Waffles

겉은 바삭 바삭하고 속은 폭신폭신한 와플이에요. 가볍게 아침식사를 하고 싶은 날에는 갓 구운 와플 위에 메이플 시럽과 과일을 얹어 먹는답니다. 아들, 지헌이가 좋아하지요.

중력분 2컵(280g) · 베이킹파우더 2ts · 설탕 2TS · 소금 1ts · 우유 2컵 · 달걀 2개 · 식용유 2TS [팬케이크 또는 메이플 시럽 · 과일(블루베리, 딸기 등 적당량)]

 **1** 믹싱볼에 밀가루＋베이킹파우더＋설탕＋소금을 넣어 잘 섞은 후 우유＋달걀＋식용유를 넣어 핸드믹서로 부드러워질 때까지 돌리세요.

2 와플 기계를 충분히 달군 다음 와플 기계에 버터를 바른 후 반죽을 부어 중간 불로 열은 갈색이 될 때까지 구우세요.

3 블루베리나 좋아하는 과일을 와플 위에 얹고 시럽을 끼얹어 드세요.

TIP !

반죽에 재료의 양보다 설탕을 조금 더 넣은 반죽을 와플 기계에 얇게 붓고 중간보다 약한 불로 짙은 갈색이 될 때까지 오래 구우면 쿠키처럼 바삭바삭하게 구워져요. 저는 바삭하게 구운 와플을 병에 담아 두고 쿠키처럼 하나씩 꺼내 먹는답니다.

보들보들한
과일 크레이프
Breakfast Crepe

크레이프 crepe 는 얇은 팬케이크랍니다. 프랑스말로 'curled', 즉 '도르르 말려 있는'이란 뜻이라고 해
요. 크레이프가 아주 얇아서 크레이프 끝 부분이 조금씩 말리거든요. 오래전 프랑스의 영지였던 북
서쪽에 위치한 브리타니 Brittany 지역에서 만들어 먹기 시작한 크레이프는 점차 프랑스 전 지역으로
널리 퍼졌다고 합니다. 그러다 국민 음식 national dish 으로 자리 잡았다고 하니 프랑스 사람들의 크레
이프 사랑이 아주 대단했나 봐요. 그후 크레이프가 미국에도 전해져서 역시 미국인들의 입맛을 행
복하게 해주는 음식이 되었다고 해요. 미국에서는 생크림이나 과일처럼 달콤한 필링을 넣기도 하고,
달지 않은 필링을 넣어 먹기도 한답니다.

바쁜 아침식사 시간에 일일이 한 장 한 장 만들 여유가 없으면 전날 만들어놓고 다음날 아침에 데워
먹어도 괜찮아요. 생크림과 함께 신선한 딸기를 넣어 먹으면 아주 맛있어요. 저는 사과와 시나몬을
섞은 따뜻한 필링도 좋아해요. 입안에서 느껴지는 감촉이 부드럽거든요. 생딸기 필링은 상큼한 맛
이, 따뜻한 사과 시나몬 필링은 따뜻한 느낌이 좋답니다. 좋아하는 과일이라면 어느 것이든 함께 넣
어 먹을 수 있어요. 우유 한 잔, 혹은 커피나 티 그리고 따뜻한 크레이프와 함께 산뜻하고 기분 좋은
하루를 시작해 보세요. * 레서피 출처: www.foodnetwork.com

＊22개 정도 분량
＊**크레이프**: 중력분 1컵(140g) · 설탕 1 1/2TS · 소금 1/4ts · 우유 3/4컵 ·
물 1/2컵 · 녹인 버터 3TS(45g) · 작은 달걀 2개
＊**필링**: 생크림(완제품) 110g 정도 ·
신선한 딸기(22개 정도) · 사과 1개 · 설탕 1/2ts ·
계핏가루(시나몬) 1/4ts · 버터 약간   ＊지름 14cm 팬

1 크레이프 – 믹서에 크레이프 재료를 모두 넣어 돌려
묽은 반죽을 만들어요. 반죽을 냉장고에 넣어 1시간 동안
두세요. 그래야 크레이프에 기포가 생기는 것을 최소화할 수
있어요. 팬을 중간 불로 데운 후 버터를 조금 녹이고 크레이프
반죽을 부어요. 이때 팬 가운데에 조금 붓고 팬을 들어
돌리면서 반죽이 팬 가득 얇게 퍼지게 하세요. 앞뒤로 살짝
노릇하게 구워 평평한 그릇에 하나씩 하나씩 쌓아놓아요.
2 사과 시나몬 필링 – 넓은 팬에 잘게 썬 사과+설탕+계핏가루
+버터를 넣어 섞은 뒤 살짝 익히세요.
3 크레이프에 생크림을 바르고 그 위에 신선한 딸기를 얹거나
사과 시나몬 필링을 올려 드세요.

TIP ! 생크림은 집에서도 간단히 만들 수 있어요.
휘핑크림 1/2컵+바닐라 익스트랙 1/2ts+슈거파우더 3TS을 넣고
핸드믹서로 단단한 형태가 될 때까지 돌리면 된답니다.

그리들 팬케이크
Old Fashioned Griddle Cakes

어느 날 저는 누군가의 손에 곱게 잘 길들여진 쇠로 만든 오래된 그리들^{griddle}을 구입했답니다. 그리들은 납작한 형태의 팬을 말하는데, 저의 마음을 빼앗은 그리들은 납작한 팬케이크를 뒤집기 쉽게 디자인한 것으로 옛날 쿠킹 북에서 자주 본 형태였어요. 그리들을 사가지고 오면서 저의 마음은 한시라도 빨리 팬케이크를 구워보고 싶은 생각뿐이었지요. 그런데 늘 만들어 먹던 나만의 팬케이크 레서피보다는 이왕이면 오래된 팬에 오래된 레서피를 이용해 만들어보고 싶은 호기심이 발동했어요.

마침 예전에 벼룩시장에서 구입한 ≪올 어바웃 홈베이킹(All About Home Baking)≫이란 1933년 초판본 쿠킹 북이 있었답니다. 오래전에 출판된 책인데도 불구하고 책 상태가 아주 깨끗하고 레서피 설명도 아주 쉽게 잘 되어 있어서 보자마자 마음에 들어 사가지고 온 책이에요. 책 속의 레서피로 만들어본 팬케이크는 정말 환상적인 맛이었어요. 오래된 그리들과 옛날 레서피의 만남… 그래서인지 팬케이크 한 장 한 장을 구워내면서 마치 책이 출간된 78년 전 그때 그 시간으로 돌아가 있는 듯한 엉뚱한 상상이 들었답니다. 사실 경아는 제 레서피로 만들어 먹던 팬케이크도 맛있다며 잘 먹곤 했어요. 그런데 버터의 양이 많이 들어가서인지 더 부드럽고 가벼운 느낌의 아주 고소한 팬케이크가 만들어졌어요.

음식이 맛있게 만들어질 때면 저는 아이처럼 흥분을 잘한답니다. 살짝 흥분한 저는 그릇에 팬케이크를 담아 지헌이에게 건네주고는 아이의 반응을 살펴보았어요. 그러고는 아주 맛있게 먹는 지헌이를 보며 신이 나서 우스갯소리로 이렇게 이야기했죠. "지헌아! 엄마가 팬케이크 만들어서 팔아볼까?" "엄마, 아이홉 팬케이크만큼 맛이 있어요!" 지헌이 입에서 이런 소리가!!! 늘 엄마가 해주는 음식이 제일 맛있다고 먹어주는 경아와 달리 어릴 때부터 홈메이드 음식보다는 바깥 음식을 더 좋아하는 지헌이에게서 오랜만에 제가 인정을 받은 순간이지요. 미국에 '아이홉IHOP'이라는 브런치를 파는 프랜차이즈 레스토랑이 있는데 저희 아이들이 그곳의 팬케이크가 맛있다며 좋아하는 곳이랍니다. 그런데 큰아이가 제 팬케이크를 먹어보고는 최대의 극찬을 해주었네요. 팬케이크와 함께 과일을 얹어 먹으면 간편한 아침식사로도 아주 훌륭하겠지요?

* 10장 분량

체로 친 중력분 1컵(115g) · 베이킹파우더 1ts · 소금 1/2ts · 설탕 1TS · 달걀 1개 · 우유 3/4컵 · 바닐라 익스트랙 1/2ts · 녹인 버터 3TS · 식용유 약간 [과일 · 슈거 파우더 · 팬케이크 시럽 적당량씩]

1 믹싱 볼에 체로 친 중력분+베이킹파우더+소금+설탕을 섞은 후 한 번 더 고운체로 치세요.

2 다른 믹싱 볼에 우유+달걀을 넣어 핸드믹서로 크림 빛이 될 때까지 오래 돌려요. 여기에 ①을 섞어 핸드믹서로 서로 부드럽게 잘 섞일 때까지 1분 이상 돌리세요.

3 ②에 녹인 버터+바닐라 익스트랙을 넣고 한 번 더 핸드믹서로 돌리면 조금 묽은 팬케이크 반죽이 완성된답니다. 완성된 반죽을 10분 정도 그냥 두세요. 그래야 구울 때 맛있게 된답니다.

4 팬을 중간 불로 달군 후 식용유를 바르고 팬이 뜨거워지면 ③의 반죽 1/4컵을 팬에 부어요. 반죽을 계량컵으로 맞춰서 사용하면 일정한 크기의 팬케이크가 만들어진답니다.

5 한쪽 면 전체에 기포가 생기기 시작하면 뒤집은 뒤 잠시 두었다 살짝 들어보아 뒷면이 노릇해지면 꺼내세요. (여러 번 뒤집지 않고 딱 한 번만 뒤집어야 맛있게 구워진답니다.) 굽다 보면 팬이 너무 뜨거워지므로, 불을 중간보다 약하게 줄여 구우세요. 구울 때마다 기름을 조금씩 바르면 팬케이크 가장자리에 갈색 띠가 둘러지면서 윤기 나고 예쁘게 구워져요.

6 완성된 팬케이크 위에 슈거 파우더를 솔솔 뿌리고, 과일을 함께 곁들인 다음 팬케이크 시럽이나 메이플 시럽을 끼얹어 드세요.

TIP !
원래 레서피에는 바닐라 익스트랙을 넣지 않았지만, 저는 은은한 바닐라 향을 좋아해서 추가로 넣었답니다.

새콤달콤하고 부드러운

블루베리 도치 베이비
Blueberry Dutch Baby

굽는 동안 많이 부풀어오른다 하여 퍼프 팬 케이크 puff pancake 로도 불리는 도치 베이비예요. 저는 블루베리를 넣어 구워보았답니다. 오븐에 넣은 후 시간이 되어 오븐을 열자마자 저의 눈은 휘둥그레졌어요. 빵의 가장자리가 마치 높은 성을 연상시킬 만큼 높이높이 치솟아 있었거든요. 팬 케이크 안쪽은 촉촉하고 가장자리는 가볍게 바삭거리는 맛이 블루베리와 함께 입안에서 달콤하고 부드럽게 씹혀요.

* 레서피 출처: http://southernfood.about.com

달걀 3개 · 우유 1/2컵 · 바닐라 익스트랙 1/2 ts · 중력분 1/2컵(65g) · 소금 1/4ts · 계핏가루 1/8ts · 녹인 버터 2TS (45g) · 블루베리 1컵 · 슈거 파우더 적당량

*지름 23cm 놋쇠 팬 혹은 원형 베이킹팬

1 오븐을 220℃(425℉)로 예열해주세요.

2 큰 믹싱볼에 달걀+우유+바닐라 익스트랙을 넣어 핸드믹서로 돌려주세요.

3 다른 볼에 중력분+소금+계핏가루를 한데 체에 내린 후, ②에 옮겨 담아 핸드믹서로 돌리세요. 그런 다음 녹인 버터를 넣고 한번 더 돌리세요.

4 놋쇠 팬 혹은 원형 베이킹팬에 녹인 버터를 바르고 ③의 반죽을 부은 다음 블루베리를 뿌려요.

5 예열한 오븐에 넣어 15분 정도 굽다가 온도를 162℃(325℉)로 낮추어 5분 정도 더 구워요.

6 오븐에서 꺼내어 슈거 파우더를 솔솔 뿌린 후 잘라 드세요. 드실 때 메이플 시럽을 끼얹어 드셔도 좋아요.

포트 콜린스에서 열리는 특별한 시장에는…

Local Harvest Farmer's Market in Fort Collins

로즈 트리 빌리지로 이사 오기 전에 살던 미라몬트 아파트 가까운 곳에서는 매년 6월부터 10월까지 일주일에 두 번씩 포트 콜린스 근교의 농장 농부들이 재배해 수확한 농산물을 가족과 함께 가져와 파는 지역 시장 Farmer's Market 이 열린다. 이곳의 농산물은 모두 유기농으로 재배한 오가닉 채소와 과일들. 장이 열리기 전날이나 그날 아침 일찍 수확한 아주 신선한 것들이다. 채소와 과일 외에도 직접 구운 빵이며 미국 사람들이 좋아하는 칩에 찍어 먹을 수 있는 홈메이드 살사소스, 농부들이 직접 키운 예쁜 화초와 꽃들 그리고 손수 만든 비누며, 아주 커다란 솥에 즉석에서 튀겨내는 고소하고 맛있는 캐틀 팝콘 kettle popcorn

등 맛있고 흥미로운 먹을거리를 많이 판다. 가격은 유기농 채소라서 그런지 일반 슈퍼마켓보다 싸지는 않다. 그런데 폐장 시간이 가까워질 무렵에 가면 커다란 한 봉지에 어떤 채소든지 가득 담아 무조건 10달러에 판다. 이때를 잘 이용하면 원하는 채소를 모두 한곳에서 아주 싸게 구입할 수 있어 한 봉지 가득 구입하면 2주일 정도는 부족함 없이 지낼 수 있다.

여름철에는 포트 콜린스 근교에서 수확한 맛있는 옥수수가 엄청 쏟아져 나온다. 9~10월이 되면 주황색 호박이 쏟아져 나오고, 아주 크고 파란 고추도 많이 나온다. 미국 사람들은 이 커다란 고추를 구워서 먹는데 뻥튀기 기계처럼 생긴 기계에 고추를 넣고 빙글빙글 돌리면서 파란 고추를 구워낸다. 그러고는 즉석에서 작게 포장해 물건을 사가는 사람들에게 서비스로 그냥 나눠준다. 아무 향신료도 넣지 않아 담백하고 매콤한 고추 맛을 느낄 수 있어 먹기에 좋

다. 얼핏 싱거워 보이는 커다란 고추는 의외로 아주 매콤한 맛이 난다.

서비스로 나눠주는 것은 고추뿐만이 아니다. 어떤 날은 팔다 남은 꽃도 뒤늦게 찾아오는 사람들에게 그냥 나눠주곤 한다. 어른들을 따라 나온 어린아이들도 함께 채소를 파는 모습을 볼 수 있다. 귀여운 아이까지 고사리 같은 손으로 사람들에게 봉지를 나누어주기도 하고, 직접 채소를 담아주기도 한다. 어른들은 한 봉지에 10달러라며 큰소리로 사람들에게 알려주는데 마치 한바탕 축제가 열리는 듯한 분위기다.

장이 열리기 시작하는 계절이면 우리 집 냉장고도 덩달아 신선한 채소로 가득 해진다. 냉장고엔 호박들도 넘쳐나서 싱싱한 호박으로 호박 케이크를 만들어 먹는다. 장이 서는 계절이 오면 단지 싱싱한 채소와 과일을 싸게 먹을 수 있어 좋다는 것 외에도 농부들의 넉넉한 인심까지 함께 느낄 수 있어 마음이 참 풍요로워지는 것 같다. 그리고 농부들에게 늘 감사한 마음으로 한 봉지 가득한 채소를 안고 행복한 어린아이가 되어 집으로 돌아오고는 한다.

색목을 되찾아준
살구 소스 베이글과 딸기 스무디
Apricot Sauce & Strawberry Smoothie

감성적이고 색감이 참 따뜻한 그림을 그리는 젊은 아티스트 아리아 Aria 는 포트 콜린스의 예술가들이 정기적으로 모이는 블루밍 트리 스튜디오 모임에 어머니께서 직접 만드신 음식을 잘 가져온답니다. 그중에서도 제가 참 좋아하는 살구 소스가 자꾸 생각이 나서 저도 한번 만들어보았어요. 살구를 그냥 먹을 때보다 새콤달콤한 맛이 더 많이 나서 아주 맛있더군요. 소스를 묽게 만들어 과일이나 비린내 나는 생선, 혹은 닭고기 요리에 얹어 먹어도 아주 훌륭합니다. 조금 되직하게 만들어 빵에 발라 먹어도 맛있고요. 아리아 어머니의 살구 소스와 상큼한 딸기 스무디가 덥고 입맛 없는 여름날 아침에 잃어버린 저의 식욕을 되찾아주었답니다. 감사합니다, 아리아 어머니!

살구 소스 Apricot Sauce

살구·설탕 적당량씩

 살구를 적당한 크기로 썰어 깊은 냄비에 넣고 물을 조금만 부은 뒤 기호에 맞춰 설탕을 넣어요. 중간 불에서 계속 저으면서 농도가 되직해지면 믹서에 옮겨 곱게 갈아 냉장고에 보관해요.

딸기 스무디 Strawberry Smoothie

＊2컵 분량
딸기 6개·우유 2/3컵·바닐라 시럽 2TS·
얼음 6개

딸기, 우유, 바닐라 시럽 그리고 얼음을 모두 믹서에 넣고 곱게 갈아요.

새콤달콤 사과잼
Apple Jam

냉장고 정리를 하다가 미처 찾아 먹지 못해 수분이 많이 없어진 사과 4개가 나왔답니다. 그냥 먹기엔 맛이 별로 없을 것 같아 사과잼을 만들어보기로 했어요. 바로 인터넷 검색을 하다가 일반 사과잼과는 좀 다른 사과잼 레서피를 찾았답니다. 미국의 ABC 뉴스에 소개된 것인데 사과 건더기도 함께 먹을 수 있고 많이 달지도 않은 잼이었어요. 만들어보니 작은 병 하나 가득 나오는데, 냉장고에 일주일 정도 보관하며 먹을 수 있어요. 파란 사과로 만들면 새콤한 맛이 많이 나고요, 새콤함보다는 단맛을 더 좋아하시는 분은 빨간 사과만 사용하셔도 좋아요. 혹은 저처럼 두 종류의 사과를 함께 넣어 만드셔도 좋답니다. 간식이나 아침식사로 팬케이크나 토스트 또는 베이글 위에 얹어 드시면 아주 맛이 좋아요. 애플파이 같은 맛이라고 할까요? 한동안 저는 새콤달콤한 사과잼에 중독될 것 같아요.

* 580~600g 정도 분량
* **사과잼**: 빨간 사과 2개 · 파란 사과 2개 · 설탕 1/2컵 · 계핏가루 1TS · 레몬주스 2TS

1 빨간 사과 2개와 파란 사과 2개를 껍질을 벗겨 0.3cm 두께로 슬라이스하세요. 너무 얇게 썰면 나중에 사과가 뭉그러지니 주의하세요.
2 냄비에 사과를 담고 설탕, 계핏가루, 레몬주스를 넣어 잘 섞어요. 강한 계피 맛이 싫으면 양을 적게 넣으세요. 사과가 단맛이 많이 나면 설탕도 조금만 넣고요.

3 센 불에서 끓기 시작하면 뚜껑을 덮고 중간 불이나 약한 불에서 20분 정도 더 끓여주세요.
4 사과가 어느정도 익으면 센 불에서 뚜껑을 열고 짧은 시간에 저으면 맛있는 사과잼이 완성된답니다.
<< 팬케이크 레서피 page 26

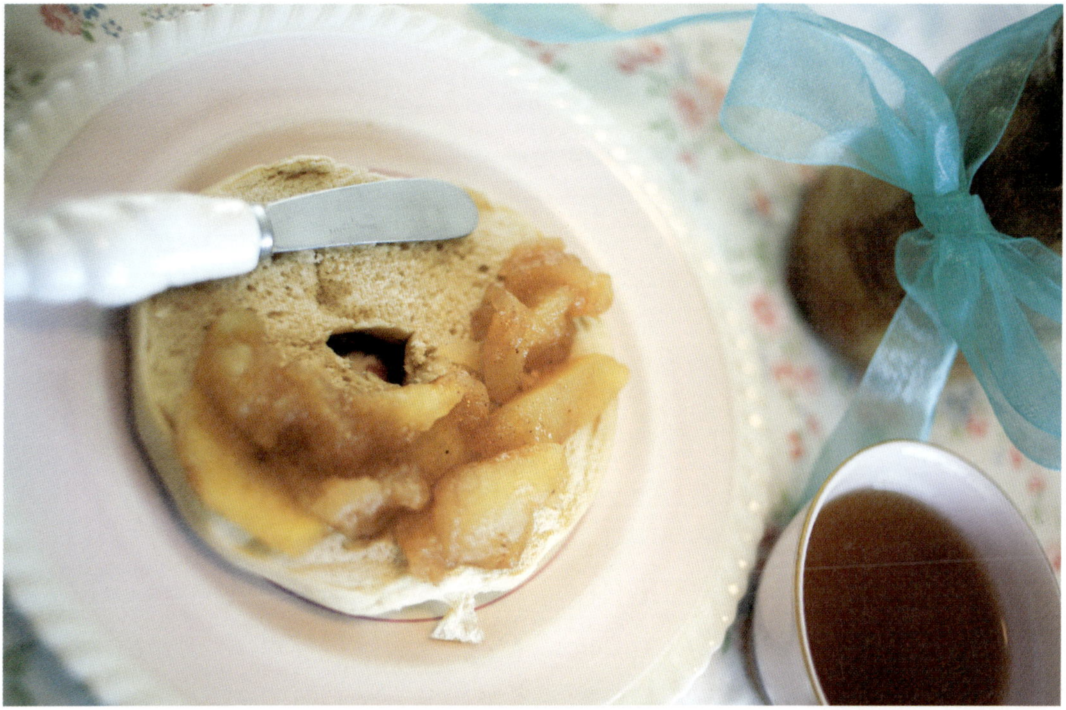

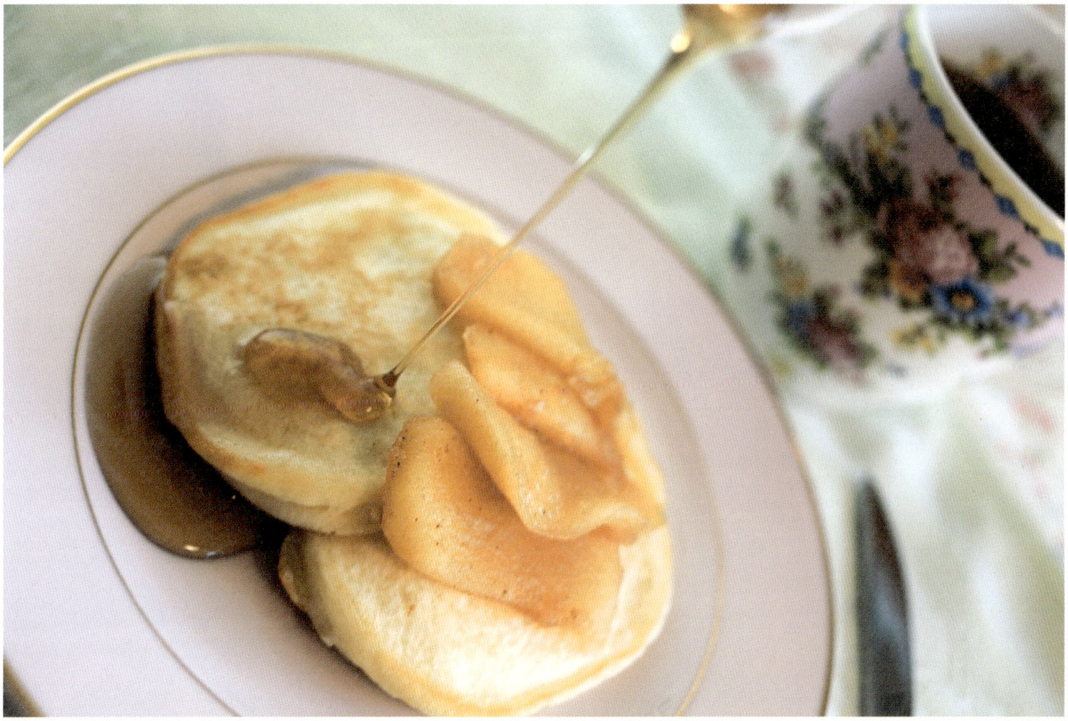

바질 향이 그윽한
클래식 페스토 바게트
Classic Pesto Baguette

클래식 페스토는 바질의 향을 제대로 느낄 수 있답니다. 몇 해 전에 클래식 페스토를 처음 만들어 먹으면서 이전까지 제게는 그저 관상용 허브일 뿐이던 바질을 진심으로 좋아하게 되었어요. 프랑스 빵 바게트를 팬에 올리브유를 두르고 노릇하게 구워서 그 위에 페스토를 발라 먹으면 한입 베어 물 때마다 바질의 향긋하고 깊은 향을 맛볼 수 있게 된답니다. 저는 페스토 위에 토마토와 양파를 함께 얹어 먹는데, 느끼할 수도 있는 페스토의 맛을 훨씬 상큼하게 만들어 준답니다. 바게트와 페스토의 궁합은 정말 환상적이라고 자신 있게 말할 수 있어요. 제가 자주 가는 마켓에서는 수경 재배한 바질을 뿌리가 달린 채로 파는데 집에 가져오면 일단 병에 물을 조금 담아 바질을 옮겨놓는답니다. 그리고 필요한 분량만큼 떼어서 요리해 먹어요. 오늘 만들어본 클래식 페스토는 바질 봉투에 적혀 있던 레서피대로 만들어보았답니다. 저는 느끼한 맛이 덜 나도록 파르메산 치즈 가루를 레서피에 적힌 1/3컵보다 적게 넣고 만들었어요. 치즈는 기호에 따라 조절하세요.

* 1/3컵 분량 정도
* **페스토**: 잣 또는 호두 간 것 1TS·다진 마늘 1쪽 분량
·올리브유 1 1/2TS·신선한 바질 2컵·파르메산 치즈
가루 1/3컵·소금 1/8ts
[바게트·토마토·붉은 양파·블루베리 적당량씩]

TIP !

바게트를 사다 놓고 다음날 너무 바삭하게 굳어버
려 못 먹게 되는 경우가 많지요. 저는 이럴 때 바게
트를 빵가루로 만들어 튀김옷으로 입히거나 버거를
만들 때 속재료로 함께 넣어요. 푸드 프로세서를 사
용하면 빵가루가 금방 만들어지지요. 푸드 프로세
서가 없을 경우에는 바게트를 비닐봉지에 담아 밀
대로 밀면 아주 쉽게 빵가루가 만들어진답니다.

 **1 페스토** – 푸드 프로세서로 잣이나 호
두를 간 후 올리브유를 넣고 세 번에 나
누어 갈아주세요.

2 ①에 바질+파르메산 치즈 가루+소금을 넣고 부
드러워질 때까지 갈면 맛있는 클래식 페스토가 만
들어진답니다. 소금은 기호에 따라 덜 넣어도 돼요.

3 토마토를 잘게 썰어 한쪽에 두고, 붉은 양파는 채
썰어 물에 담가두세요.

4 팬을 중간 불로 달군 후 올리브유를 두르고 슬
라이스한 바게트를 올려 앞뒤로 노릇하게 구워요.

5 채 썬 양파를 건져 물기를 빼고 잘게 썰어요.

6 바게트 위에 페스토를 바르고 잘게 썬 토마토와
붉은 양파를 얹으세요.

향기 나는 허브 이야기

우리나라 음식에 파와 마늘이란 양념이 없어서는 안 되는 것처럼 서양 음식을 만들기 위해 레서피를 찾다 보면 자주 등장하는 허브들이 있다. 로즈메리, 오레가노, 바질, 타임, 세이지, 차이브 등. 미국의 슈퍼마켓에서는 채소 코너 한쪽에 낱개로 포장한 허브와 함께 작은 허브 화분을 판다. 처음에는 그냥 예뻐서 사다 기르던 허브였는데 향이 참 좋아서 허브가 들어간 레서피들을 찾아 하나둘씩 음식들을 만들다 보니 이젠 허브 사랑에 빠져버렸다. 허브 몇 종류만 키우면 특별한 서양 음식이 먹고 싶은 날에 언제든지 만들어 먹을 수 있어 좋고, 하루하루 자라나는 허브를 보는 즐거움을 느낄 수 있어 좋다. 반드시 신선한 허브가 아니더라도 허브 향신료 몇 가지만 집에 구비해놓으면 언제든지 특별한 음식을 만들 수 있다. 음식에 사용하는 재료가 어떻게 생겼고, 어떤 것인지를 잘 알고 먹으면 그 맛의 즐거움이 더 커질 것이다. 나의 레서피에 사용된 허브에 관한 정보를 소개한다.

로즈메리

오레가노

* 로즈메리 Rosemary

소나무와 민트(박하)향이 나며 약간 자극적이고 쓴맛이 나는 로즈메리는 신선한 잎이나 혹은 마른 잎으로 오래전부터 지중해 음식에 다양하게 사용해왔다. 고기류와 해산물 그리고 채소 음식에 자주 사용하며 철분, 칼슘 그리고 비타민 B_6를 함유하고 있다.

* 오레가노 Oregano

오레가노는 미국, 이탈리아, 스페인, 그리스 등 많은 나라의 음식에 사용하는 아주 중요한 허브다. 신선한 잎보다는 향이 더 깊은 마른 잎을 주로 사용하며 토마토 소스를 만들 때에 주로 쓴다. 바질 잎과 함께 고기 요리에 자주 쓰이는 허브다. 오레가노를 가장 많이 사용하는 대표적인 음식으로는 피자 소스가 있다.

* 바질 Basil

향이 깊고 따뜻하면서 향긋한 바질은 이탈리아, 지중해 그리고 태국 음식에 자주 사용하는 허브다.
신선한 잎과 마른 잎 모두 사용하며 샐러드 요리에는 신선

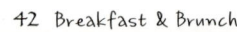

세이지

타임

*차이브 Chives

바질

한 잎을 잘게 썰거나 다져서, 혹은 잎 전체를 얹어서 먹기도 한다.

*타임 Thyme

타임은 철분을 많이 함유한 허브로 고기류나 스튜 그리고 수프를 만들 때 사용한다. 신선한 잎과 마른 잎을 모두 사용하는데 신선한 잎이 더 향이 짙고 더 많이 사용된다. 타임의 또 다른 특징은 그 향이 아주 천천히 음식 속에서 빛을 발휘한다는 것. 그런 만큼 음식을 조리하는 초기 진행 과정에 넣는 것이 좋다.

세이지 Sage

회색이 섞인 초록색을 띠는 세이지는 여느 허브처럼 지중해 음식에 자주 사용하는 허브다. 고기류나 채소 음식을 조리할 때 함께 사용하며, 특히 닭고기 요리를 할 때 넣으면 좋다. 신선한 잎과 마른 잎 모두 사용하지만 신선한 잎이 마른 잎보다 쓴맛이 조금 덜 나는 것이 특징이다.

신선한 차이브는 순한 양파의 향을 지니고 있다. 특히 예쁜 보라색 꽃은 맛도 좋지만 모양도 예뻐 장식용으로 샐러드에 얹어 먹어도 좋다. 구운 감자나 참치 샌드위치, 크림수프 등에 자주 사용하며 소화를 도와주고, 혈압을 낮춰주는 효과도 있다.

차이브

영양가 많은
훈제 연어 토스트
Toast with Smoked Salmon

지헌이와 경아가 좋아하는 훈제 연어를 토스트 위에 얹어 먹어보았답니다. 플레인 요구르트와 블루베리를 얹어 함께 먹으니 연어의 비린 맛이 조금은 사라지는 것 같아요. 고단백 훈제 연어에 비타민이 풍부한 블루베리를 얹은 토스트 몇 쪽이면 영양 많은 아침식사로 충분해요.

* 4인분
샌드위치 식빵 4장·슬라이스 훈제 연어 4조각 정도·플레인 요구르트 8TS·올리브유 4TS·레몬 약간 [블루베리·신선한 파슬리 잎·로즈메리 잎 적당량씩]

 1 팬을 중간 불로 달군 뒤 올리브유를 두르고 식빵을 앞뒤로 노릇노릇하고 바삭하게 구워요.
2 훈제 연어에 레몬즙을 뿌리고 적당한 크기로 잘라 플레인 요구르트를 얹은 토스트 위에 얹은 다음 블루베리를 얹어요. 마지막으로 잘게 썬 파슬리와 신선한 로즈메리 잎을 솔솔 뿌리세요.

TIP !

플레인 요구르트도 맛있지만 블루베리 요구르트 드레싱을 만들어 얹어 먹어도 맛있어요. 푸드 프로세서에 플레인 요구르트와 블루베리를 적당량 넣고 갈면 된답니다.

블루베리 브런치로 한 주의 피곤을…

가족이 모두 한 식탁에 앉을 수 있는 여유로운 일요일 아침에 젊음을 유지해준다는 블루베리와 함께 브런치를 맛있고 예쁘게 준비할 수 있는 건강 레서피를 모아보았답니다. 붉은 양파와 양송이를 넣은 빵을 만들고 아카시아 꿀과 함께 먹는 블루베리 피칸 샐러드 그리고 플레인 요구르트와 함께 먹는 블루베리…. 블루베리는 제가 참 좋아하는 과일로 눈을 밝고 맑게 해주고 노화도 방지해준다고 해요. 비타민과 미네랄이 풍부해서 피부를 윤기 있고 탄력 있게 해주고요. 암을 억제하고 치매와 뇌졸중을 예방해주는 데다 섬유질이 풍부해서 변비 치료까지 해준다고 하니 얼마나 고마운 과일인지요.

며칠 전 저녁에 피자 반죽을 만들면서 밀가루 1컵의 분량을 너무 많이 계량하는 바람에 반죽이 뻣뻣해지고 발효가 되지 않아 실패한 적이 있어요. 새 밀가루를 이용해 다시 그램으로 정확하게 계량한 뒤 반죽을 새로 만들어 피자는 맛있게 완성했시만 처음에 실패한 반죽을 어떻게 하나 고민이었죠. 생각 끝에 제 마음대로 더운물에 이스트를 좀 더 넣어서 되직하게 반죽하고는 시간이 너무 늦어 하룻밤 발효를 시켰답니다. 그런데 자고 일어났더니 반죽이 아주 탐스럽게 부풀어 있더라고요. 우연찮게 버릴 뻔한 피자 반죽으로 쫄깃한 빵 반죽을 만드는 데 성공했지요. 그러고는 제가 좋아하는 양송이와 붉은 양파를 잘게 썰어 반죽에 듬뿍 넣고 40분 만에 작은 채소빵을 만들었답니다. 오븐을 열자 양파 향기가 어찌나 맛있게 나던지요. 뜨거운 상태로 한입 먹어보니 정말 맛있더라고요. 마치 채소 호빵을 먹는 느낌이랄까? 버터나 달걀, 우유를 넣지 않고도 맛있는 빵을 만들 수 있다는 것이 신기했어요. 실수가 오히려 전화위복이 되었다고 할까요. 레서피 없이 상상으로 만들어본 첫 채소빵이 먹음직스럽게 누워 있는 것을 보면서 마치 자식처럼 대견했어요. 밀가루와 채소만 넣어 만든 소박한 레드 어니언 양송이빵과 블루베리를 함께 먹으니 서로 맛이 참 조화롭게 잘 어울렸어요. 꿀을 넣은 블루베리 피칸 샐러드도 아주 담백한 맛이에요. 이 샐러드는 한 프랑스 잡지에 소개된 레서피를 보고 만들어봤어요. 이곳에 소개된 레서피들은 오래전에 만들어 먹던 것을 소개하는데, 처음 레서피를 보고는 '어떻게 꿀로만 드레싱을 만들지? 너무 달지는 않을까?' 하는 의구심이 들었어요. 그런데 아카시아 꿀의 향이 블루베리와 함께 은은하게 스며들어 입안에서 아주 부드럽게 퍼지더라고요. 샐러드의 맛을 한마디로 표현하면 조미료를 넣지 않아 음식 본연의 맛을 고스란히 느낄 수 있는 깨끗한 맛이라고 이야기하고 싶어요. 아마도 옛날 프랑스 사람들은 맛을 단순하게 즐기는 방법을 더 좋아한 것 같아요. 블루베리를 작은 컵에 가득 담아 플레인 요구르트를 얹어 먹어도 맛있답니다.

빵은 전날 구워놓고 다음날 오븐에 넣어 10분 정도 데워 먹어도 되고, 혹은 저처럼 전날 발효를 시켜놓고 다음날 일어나서 20분가량 2차 발효를 하고 나서 오븐에서 20분 동안 구우면 더 신선한 빵을 맛볼 수 있답니다. 가족 한 사람 한 사람의 앞접시에 블루베리로 하트를 만들어 가족을 향한 아내와 엄마의 사랑을 표현해보세요. 여유 있는 아침을 이렇게 사랑과 정성이 가득한 브런치로 시작하면 일주일 동안 쌓인 피로가 말끔히 사라지고, 또 한 주를 활기차게 시작하는 재충전의 에너지를 얻게 되지 않을까요?

레드 어니언 양송이빵
Red Onion Mushroom Buns

* 8개 분량
중력분 2 1/2컵(350g)·설탕 2ts·소금 1ts·드라이이스
트 10g·더운물 3/4컵·올리브유 3TS·잘게 썬 붉은 양
파 1/2컵·양송이 220g (12개 정도)
* 우유 (브러시 용도) 약간·쿠키팬·베이킹 종이

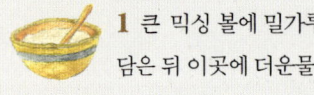 **1** 큰 믹싱 볼에 밀가루+설탕+소금을
담은 뒤 이곳에 더운물+드라이 이스트
+올리브유를 넣어 10분 정도 반죽하세요.

2 발효— 다른 믹싱 볼에 반죽을 볼 모양으로 빚어
기름을 바른 다음 반죽을 넣은 뒤 비닐 랩을 씌워 반
죽이 2배로 부풀 때까지 1시간 정도 1차 발효를 해요.
발효시킬 때에는 큰 그릇에 더운물을 붓고 그 안에
반죽이 담긴 그릇을 넣어 따뜻한 상태로 두세요. 이
때 물이 식기 전에 몇 차례 따뜻한 물로 갈아주세요.

3 1차 발효 후 오븐을 190℃(375℉)로 예열하세요.

4 양파와 양송이를 잘게 썰고 부풀어 오른 ②의 반
죽을 손으로 눌러서 공기를 뺀 후 다시 살짝 반죽하
세요. 그리고 양파와 양송이를 넣어 다시 반죽해서 8
등분해 작은 공 모양으로 만들어요. 베이킹 종이를
간 쿠키 팬에 공 모양 반죽을 10cm 간격으로 놓고
오븐 위에 올려놓아 살짝 부풀 때까지 20분 정도 2
차 발효를 해요.

5 2차 발효가 끝나면 반죽 위에 스프레이로 물을 뿌
려주고 표면에 브러시로 우유를 바른 뒤 예열한 오
븐에 넣어 20분 정도 옅은 갈색이 될 때까지 구워요.

TIP !

밀가루 보관 시 밀가루의 수분 상태에 따라 반죽 농도
가 달라지는 경우가 있어요. 반죽이 된 듯하면 더운물
을 한 스푼씩 넣어가며 반죽하세요.

블루베리 피칸 샐러드
Blueberry Pecan Salad

샐러드용 채소 · 블루베리 · 피칸 · 모차렐라 치즈 · 아카시아 꿀 적당량씩

1 샐러드용 채소들을 씻어 건져 키친타월로 물기를 없애주세요.
2 샐러드 그릇에 채소를 담고 피칸과 블루베리를 듬뿍 담아요. 채 썬 모차렐라 치즈를 뿌린 후 꿀을 적당히 끼얹어 골고루 버무려먹어요.

블루베리 플레인 요구르트
Blueberry Plain Yogurt

블루베리 · 플레인 요구르트 적당량씩

작은 유리잔에 블루베리를 가득 담고 그 위에 플레인 요구르트를 얹어 드세요.

TIP !
블루베리와 요구르트 모두 변비에 좋은 음식이에요. 변비로 고생하는 분이라면 꼭 드셔보세요.

치킨 시저 샐러드
Chicken Caesar Salad

미국인들이 참 좋아하는 샐러드 중에 치킨 시저 샐러드가 있어요. 이 샐러드는 제가 미국에 와서 로키 마운틴에 놀러 갔을 때 처음 먹어봤는데, 그 뒤로 치킨 시저 샐러드를 먹을 때마다 당시 저의 무지로 인해 벌어진 웃지 못할 실수담이 생각난답니다. 포트 콜린스에서 1시간가량 운전을 하고 가면 로키 마운틴이라는 국립공원이 나오고, 입구부터 차로 산 정상까지 올라가면서 구경을 하지요. 중간 중간에 내려서 모든 스트레스가 한순간에 사라지는 아름다운 경치 구경도 하고, 사진도 찍다 보면 점심시간이 지난 후에야 산 정상에 올라갈 수 있어요. 국립공원에서 음식을 파는 곳은 산정상에 있는 매점뿐이랍니다. 배가 많이 고팠던 저는 식당 메뉴들 중에서 치킨 시저 샐러드를 시켰어요. 샌드위치는 별로 내키지가 않아서 무턱대고 치킨이 들어간 시저 샐러드를 시키면서 요기가 될 만한 닭고기 요리를 상상했죠. 분명히 메뉴에 샐러드라고 쓰여 있었는데도 말이죠. 그런데 막상 나온 음식을 보니 채소만 가득한 그릇 안에 치킨이 너무나 빈약하게 아주 조금 들어 있더라고요. "어머나, 이건 정말 샐러드구나. 엄마가 생각한 건 이게 아닌데…" 할 수 없이 늦은 점심에 겨우 빈약한 샐러드 한 접시만 먹고 고픈 배를 안은 채 기운 없이 국립공원을 구경하다가 집에 돌아왔답니다.

그 후 레스토랑에서 시저 샐러드를 다시 먹을 기회가 있었는데, 샐러드가 아주 차가우면서 신선했어요. 싱싱한 로메인 상추는 아삭아삭하고, 그릴에 구운 푸짐한 양의 닭고기는 또 어찌나 맛이 있던지요. 마늘 향이 고소한 크루통이 들어간 샐러드에 드레싱을 끼얹어 먹으니 정말 맛있더라고요. 이제는 집에서도 직접 만들어 먹을 정도로 시저 샐러드를 사랑하게 되었답니다. 레서피는 어바웃닷컴About.com의 레이첼 에델맨Rachel Edelman이 올려놓은 것이에요. 드레싱은 샐러드뿐 아니라 샌드위치에 발라 먹어도 맛있다고 소개되어 있답니다. 크루통은 어떤 종류의 샐러드에 넣어 먹어도 아주 좋아요. 한번에 많이 만들어놓고 샐러드에 듬뿍 얹어서 드셔보세요.

* 4인분

닭 가슴살 1쪽 · 로메인 상추 6잎 · 붉은 양파 1/4개 · 양송이 5개 · 레몬 1/2개 [올리브유 · 소금 ·
후춧가루 약간씩] · **시저 샐러드 드레싱**: 다진 마늘 2쪽 분량 · 디종 머스터드 2ts · 우스터소스 2ts ·
피시소스 1/4ts · 후춧가루 1/2ts · 올리브유 4TS · 파르메산 치즈 가루 2TS · 레몬즙 1ts

* **크루통**(croutons): 작은 정사각형으로 자른 바게트 2컵 · 버터 2TS · 마늘 1쪽

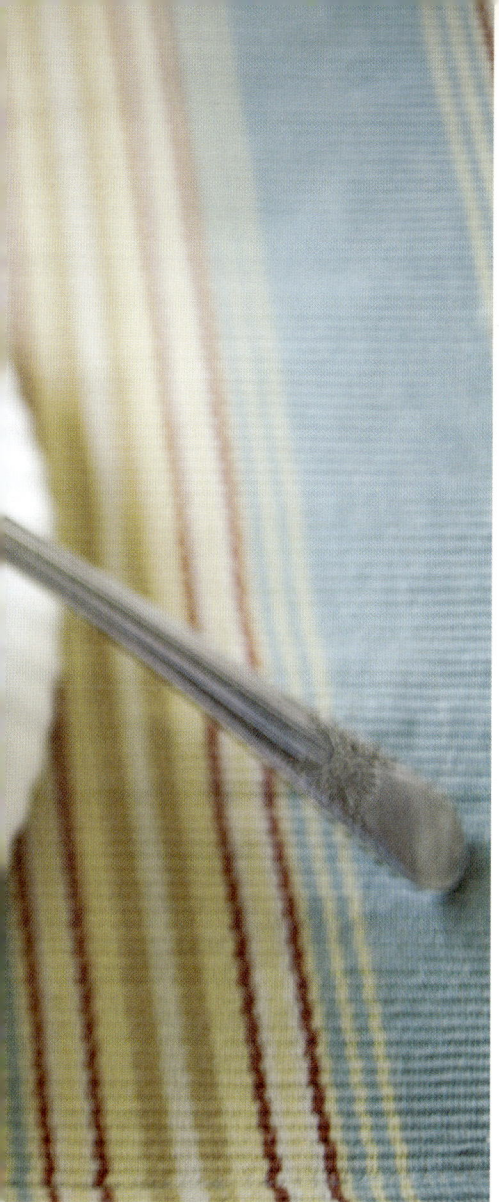

1 시저 샐러드 드레싱-푸드 프로세서에 간 마늘+
디종머스터드+우스터소스+피시소스+후춧가
루+파르메산 치즈 가루를 넣고 돌리세요. 여기에 레몬즙을 넣
어 돌리다가 올리브유를 넣어 서로 잘 섞이도록 좀더 돌리세
요. 완성한 드레싱은 냉장고에 1시간 정도 넣어 두세요.

2 크루통-바게트는 작은 정사각형으로 자르고 팬은 중간
불로 달군 다음 버터를 넣고 녹여요. 버터가 다 녹으면 약한
불로 줄여 마늘 간 것을 넣어 1분 정도 버터와 함께 마늘이
갈색이 될 때까지 익힌 후 팬에 자른 바게트를 넣고 버터가
바게트에 잘 스며들도록 잘 섞어요.

3 오븐을 175 ℃(375 ℉)로 예열해놓아요. 오븐용 그릇에 ②의
바게트 조각을 가지런하게 올려놓고 오븐에 넣어 타지 않도록
10~15분 정도 구워요.

4 닭 가슴살에 레몬 1/2개 분량의 즙을 뿌리고 올리브유를
앞뒤로 바른 후 소금, 후춧가루를 뿌려 30분 정도 재워두세요.
팬을 중간 불로 달궈 닭 가슴살을 올려 앞뒤가 노릇노릇하게
구운 다음 길쭉하게 썰어놓아요.

5 로메인 상추는 굵게 찢어 놓고 양송이버섯은 얇게 썰고 양파
는 가늘게 채 썰어 놓아요.

6 차가운 샐러드 그릇에 로메인 상추+양송이+붉은 양파를
골고루 담고 ③의 크루통을 위에 뿌린 뒤 파르메산 치즈 가
루를 솔솔 뿌려요. 마지막으로 시저 샐러드 드레싱을 골고루 씌
워어 드세요.

TIP !
드레싱이 조금 진하게 느껴지면 우유를 한두 스푼씩 넣어
조금 묽게 만들어 드세요.

2

담백한
슬라이스드 비프 버거
Sliced Beef Burger

슬라이스드 비프 버거는 샤부샤부 간장소스 샐러드를 버거에 적용해 만든 거랍니다. 샐러드를 먹고 나서 만들어놓은 샤부샤부 고기가 남아 이튿날 아침에 아이들에게 버거로 만들어주었더니 맛있게 먹고 학교에 가더라고요. 다른 버거처럼 기름지지 않고 아주 담백한 맛의 버거가 탄생한 거지요. 슬라이스드 비프 버거와 샐러드는 두 아이가 아주 좋아하는 음식이랍니다.

TIP !

* 샐러드 - 끓인 소스에 담갔다 건져 익힌 쇠고기와 각종 채소를 냉장고에 차갑게 보관했다가 꺼내어 그릇에 담고 소스에 타바스코와 참기름을 몇 방울 떨어뜨린 후 샐러드에 끼얹어 드세요.

* 2인분
샤부샤부용 쇠고기 200g · 양송이 4개 · 붉은 양파 약간 · 로메인 상추 2잎 · 바게트 1개
* 간장 소스 : 간장 1컵 · 식초 1컵 · 레드 와인 2TS [레몬즙 · 설탕 · 타바스코 소스 · 물 약간씩]

 1 작은 냄비에 간장 소스 재료를 담고 불에 올려 끓기 시작하면 쇠고기를 살짝 넣어 익힌 다음 거름망에 올려 소스 물기를 빼놓아요.

2 소스 - 끓인 소스를 차게 식혀 고기 기름을 제거한 뒤 타바스코 소스를 기호에 맞게 조금 넣어 섞으세요.

3 바게트를 손 한 뼘 길이로 자른 후 다시 반으로 가른 틈을 벌려 로메인 상추를 얹고 그 위에 ①의 데친 쇠고기, 채 썬 붉은 양파, 저민 양송이를 얹은 다음 ②의 소스를 끼얹었어요.

옛 친구 수다(Suda)와의 해후

미라몬트 아파트에 살고 있을 때 옆동에 살던 황영화 씨가 단골 음식점이라며 저를 데리고 간 타이 음식점 반타이Bann Thai에서 맛있는 점심을 먹은 적이 있어요. 식사를 마치고 나오는데 뜻밖의 반가운 사람을 만났지요. "Hi! Hyekyung!" 환한 미소를 지으면서 내 앞으로 다가오는 사람….너무도 반가운 얼굴인데, 순간 미안하게도 그녀의 이름이 생각이 나지 않았어요. 상대방은 내 이름을 정확히 기억하고 있는데…. '수… 뭐였더라? 생각이 안 나네. 어쩌지?' 어쩔 수 없이 미안함을 무릅쓰고 물어보았지요. "미안해…. 이름이 갑자기 생각이 안 나. 이름이 뭐였더라?"

"수다Suda!", "아! 맞다! 수다였어. 수Su만 생각나고 뒤의 이름이 생각이 안 나지 뭐야." 애써 한 글자라도 생각이 났다는 것을 알려주면서 수다가 덜 서운해하기를 바랐답니다. 어찌나 반갑던지 두 손을 꼭 잡고 서로 안부 묻기에 정신이 없었지요. 그녀는 5년 전 어학원에서 수업을 함께 들었던 친구예요. 세월이 지나 고국인 태국으로 돌아간 줄 알았는데, 그녀는 평소에 간판이 참 예쁘다고 생각하던 '반타이Bann Thai'라는 타이 음식점의 주인이 되어 있었습니다. 아쉬운 만남을 뒤로하고 집으로 돌아가는 길에 오랜만에 어학원에 들러 선생님들을 만나 옛 추억에 잠겼어요. 어학원 다니던 때가 바로 어제 일처럼 주마등 같이 스쳐 지나가더군요. 내 생애에 제일 행복했던 시간들…. 대학 졸업한 지 16년 만에 다시 학생으로 돌아가 늦은 나이에 아들, 딸 같은 학생들과 함께 공부하면서 하나라도 더 배우려고 노력하던 소중한 시간이었어요. '에휴…. 진작 이렇게 재미있게 공부했으면 좀 더 나은 내가 되어 있었을 텐데….' 당시 매일 이런 생각을 하면서 지낸 것 같아요. 우연히 수다를 만나 배움의 기쁨이 컸던 옛 시간을 돌이켜 회상해보니 다시 스스로 자극을 받게 되었어요.

추억 속의 친구를 뜻하지 않은 장소에서 해후하니 말로 표현할 수 없을 만큼 반갑더군요. 아마도 기쁨의 시간들 속에서 인연을 맺은 친구라 더 기억에 남고, 더 반가웠는지도 모르죠. 5년 전 수다는 아주 착실한 학생이었고, 다시 만난 수다는 더없이 근사해 보였어요. 예쁜 레스토랑의 주인이어서라기보다는 여전히 자신의 일에 최선을 다하며 살고 있는 모습에서 옛 친구 수다가 많이 자랑스러웠답니다.

Suda! I am s……o proud of you!!!

신선한 채소가 가득 들어 있는 반타이의
산뜻한 스프링 롤(Spring Roll)
나의 스프링 롤 레서피 page 60 ↗↗

태국 음식점 '반타이(Bann Thai)'

 신선한 스프링 롤 Fresh Spring Roll

채소를 조금 색다르게 먹고 싶을 때 저는 월남쌈이라고 불리는 스프링 롤을 만들어 먹는답니다. 식욕이 없을 때 애피타이저로 스프링 롤을 몇 개 말아 먹으면 갑자기 입맛이 돌기도 해요. 좋아하는 채소라면 어떤 것이든 넣어 먹을 수 있어서 더욱 좋아요. 냉장고에 어떤 채소가 있느냐에 따라 그때그때 들어가는 재료가 달라져요. 왠지 사과가 먹고 싶은 날에 함께 넣어 먹어보니 그것도 다른 재료와 썩 잘 어울리더군요. 닭 가슴살 대신 살짝 소금 간한 샤부샤부 쇠고기도 담백한 게 아주 좋아요. 신선한 채소와 라이스 페이퍼 그리고 소스의 독특한 맛 때문인지 먹고 뒤돌아서면 또 생각이 나는 스프링 롤이랍니다.

* 12개 분량

닭 가슴살 240g · 당근 큰 것 1개 · 사과 1개 · 샐러드용 모둠 채소 다섯 줌 ·
라이스 페이퍼(월남쌈 피) 12장 · 식용유 약간

* **닭 가슴살 밑간** : 허니 머스터드 3ts · 간장 1/2ts · 레몬즙 1ts · 물 2ts ·
후춧가루 약간

* **스프링롤 소스** : 홍고추(잘게 썬 것) 약간 · 다진 마늘 1개 분량 · 피시소스
2TS · 설탕 2TS · 식초 1TS · 레몬즙 약간 · 물 1TS

 **1** 닭 가슴살을 얇게 썰어 허니 머스터드+간장+레몬즙
+물+후춧가루에 살짝 재워놓아요. 중간보다 약간 센 불
로 팬을 달구고 식용유를 두른 다음 닭 가슴살을 바삭하게 구워요.

2 당근과 사과는 채 썰고, 사과는 소금물에 살짝 담가놓아요. 샐러드
용 모둠 채소를 깨끗이 씻어 물기를 빼세요.

3 볼에 스프링 롤 소스 재료를 모두 섞어 소스를 만드세요.

4 준비한 재료를 모두 식탁 위에 차려놓아요. 라이스 페이퍼를 식용유
한두 방울 넣은 (라이스 페이퍼가 서로 붙지 않게) 따끈한 물에 한번에
2~3장 정도씩 잠시 담가 부드러워지면 꺼내서 준비한 재료를 고루 담
아 돌돌 만 다음 소스에 찍어 드세요.

스타벅스 스타일의

튜나 피칸 과일 샌드위치
Tuna Pecan Fruit Sandwiches

포트 콜린스 로컬 아티스트들의 작업 공간인 블루밍 트리 스튜디오Blooming tree studios모임에 맛있는 튜나 피칸 과일 샌드위치를 만들어 갔답니다. 저녁 시간에 모이는 관계로 간단한 음식을 하나씩 준비해 가는데, 저는 스타벅스에서 맛있게 먹은 튜나 피칸 과일 샌드위치의 맛을 기억하면서 비슷하게 만들어보았어요. 호두와 포도가 함께 씹히는 맛이 아주 인상적인 샌드위치였답니다. 만들기도 쉽고 먹기도 간편한, 영양가가 풍부한 재료를 듬뿍 넣은 산뜻한 샌드위치예요. 통보리빵에 여러 종류의 씨앗(참깨, 호박씨, 양귀비씨)이 들어 있는 빵을 사용했더니 씹을 때마다 아작아작하게 씨앗이 씹히는 느낌이 샌드위치의 맛을 더 좋게 했어요. 그 덕에 모임에서 샌드위치의 인기가 대단했답니다. 맛있게 드셔주시는 분들이 계시면 만들 때의 작은 수고가 더 큰 행복으로 돌아오는것 같아요. 작은 정성을 담은 상큼한 튜나 피칸 과일 샌드위치로 가족의 건강을 지켜주세요.

* 2인분
통보리 잡곡빵 4쪽 · 참치(통조림) 작은 캔 (5oz)
1개 · 굵게 썬피칸 2TS · 건포도 2TS · 씨없는 포도 1/3컵 · 셀러리1/2대 · 마요네즈 1/4컵 · 허니 머스터드 1TS · 레몬즙 · 후춧가루 약간씩

 **1** 셀러리는 잘게 썰고 피칸은 굵게 썰어요. 통조림에서 꺼낸 참치는 물기를 빼고 포도(알이 굵은 씨 없는 포도)는 반으로 갈라요. 레몬은 즙을 내어 준비하세요.

2 볼에 ①+건포도를 모두 섞어 마요네즈와 허니 머스터드를 넣어 함께 살살 버무려주세요. 마지막으로 후춧가루를 뿌려주세요.

3 ②의 빵에 속재료를 듬뿍 넣고 그 위에 또다른 빵을 올려 덮으면 스타벅스 스타일의 맛있는 샌드위치가 완성된답니다.

중고 상점에서 구입한 그릇들

고물 창고 같은 나의 살림 이야기

2002년, 모든 살림살이를 한국에 두고 온 상태로 잠시 머물 예정이던 미국에서 갑자기 새로운 생활을 시작하게 되었다. 그때 나에게 중고 물건을 파는 상점 thrift store 들은 참 매력적인 장소였다. 작은 도시인 포트 콜린스에만 이런 중고 물건을 파는 상점이 여러 군데 있는 것만 보아도 미국사람들이 얼마나 중고 상점을 많이 이용하는지 알 수 있다. 이곳에는 옷부터 가방, 가구, 가전제품, 주방용품 그리고 실내 장식용품에 이르기까지 없는 것이 없을 정도로 넓은 매장에 많은 중고 물품이 총집합해 있다. 주로 사람들이 쓰다 싫증나거나 더 이상 필요하지 않다고 생각하는 물건을 기부하면 그 물건을 진열해 판매하는데 옷은 깨끗하게 세탁해 옷걸이에 색깔과 크기별로 잘 정리해 놓아 잘만 고르면 좋은 상태의 옷을 아주 싼값에 구입할 수 있다. 나의 옷장에 걸려 있는 옷의 절반 정도가 이곳에서 구입한 옷이다.

미국에 처음 왔을 때 두 아이가 중학생이었는데 당시만 해도 내 옷은 물론 아이들 옷까지 중고로 사 가지고 오는 것을 보면서 둘째아이는 그다지 좋아하지 않는 눈치였다. 그런데 미국 생활을 오래하더니 이곳 사람들처럼 이젠 둘째아이도 중고 옷을 스스로 사 입곤 한다. 특히 10~20대 젊은 층이 잘 입는 옷만 구비해 놓은 중고 상점을 좋아한다. 그동안 자라면서 옷 투정 한번 안 하고, 싸게 구입한 옷이나 중고 옷으로도 센스 있고 매력적인 모습으로 잘 입는 아이를 보고 있으면 고맙기도 하고 대견하기도 하다.

이렇게 시작한 나의 중고 사랑은 옷에서 시작해 그릇이며 작은 소품까지 영역을 넓혀가기 시작했는데, 특히 그릇은 정말 너무 싸게 구입할 수 있어 좋았다. 접시 하나에 1000원도 안 되는 돈으로 마음에 드는 그릇을 구입할 수 있다. 자주 들르다 보면 오래되어 좀체 구하기 힘든 좋은 품질의 앤티크 그릇도 구입할 수 있는 기회가 생기는데, 그럴 때면 마치 횡재라도 한 듯 그렇게 즐거울 수가 없다. 그 덕에 지금 살고 있는 나의 집에는 많은 살림살이가 중고품들이다. 싸게 구입할 수 있다는 것뿐만 아니라 새 물건보다 오히려 편안함이 느껴져 더 좋은 면도 있다. 새 가구를 사놓고 혹여 흠집이라도 날까, 혹은 새 가죽 소파에 뭐라도 묻을까 걱정하면서 잘 앉지도 못한 옛날을 생각하면, 지금 나와 함께 살고 있는 중고 물품들은 세월의 연륜이 느껴지는 편안함과 푸근함 같은 것이 있어 좋다.

포트 콜린스에 중고 상점 외에 벼룩시장^{flea market}과 앤티크 상점^{antique shop}이 있다는 것을 알게 된 것은 둘째아이를 통해서였다. 친구와 함께 그곳에 다녀온 경아가 엄마가 아주 좋아할 만한 장소를 찾았다면서 지난해 초에 내 손을 이끌고 데려간 그곳은 정말 눈이 휘둥그레질 정도였다. 몇 십 년은 족히 되는 물건이 가득했고, 심지어 어떤 것은 내가 태어나기도 훨씬 전에 만든 물건도 눈에 많이 띄었다. 가격이 싼 고물과 아주 비싼 앤티크 물건까지 고루 섞여 있는 재미난 곳이었다.

처음 그곳에 방문했을 때는 아름다운 고가의 앤티크 물건에 마음을 빼앗겨 정신없이 구경하곤 했는데 시간날 때마다 자주 방문하며 보물 찾기하듯 물건들을 하나하나 구석구석 구경하다 보니 처음에는 눈에 들어오지 않던 소박한 물건들이며, 몇 십 년 전 일반 가정에서 흔히 사용하던 평범한 그릇과 물건들이 더 사랑스럽게 보이기 시작했다. 구석에 뒹굴고 있는 손때 묻은 쿠키 커터들이며 오래 사용해 나무가 맨질맨질해진 밀가루 반죽 밀대, 맛있는 빵을 무수히 구워냈을 오래된 케이크 틀, 전 주인이 아주 곱게 사용한 냄비며 투박한 접시들까지…. 처음 방문했을 때는 그저 낡은 고물이던 것들이 이제는 각자의 오랜 이야기가 담겨 있는 보물로 보이기 시작한 것이다. 그리고 나의 고물 사랑은 이런 소박한 그릇들을 하나둘씩 사 모으면서 계속 커져갔다.

중고 상점과 벼룩시장, 앤티크 상점의 공통점은 모두 중고 물건을 판다는 것이지만 중고 상점은 오래된 물건부터 최근 물건까지 모두 파는 반면 벼룩시장과 앤티크 상점은 몇 십 년 된 물건부터 100년 이상 된 물건까지, 좀 더 오래된 물건을 판다는 점이 다르다. '남이 쓰던 물건을, 더군다나 그렇게 오래된 물건을 어떻게 사용해?'라고 반문하는 사람이 있을지도 모르겠다. 나 역시 처음에는 그런 마음이 없잖아 있었다. 그런데 이곳을 방문하면 할수록 그런 생각이 점점 바뀌어갔다. 오래된 것일수록 더 사랑스럽다는 것, 그리고 조금 상처가 있는 그릇에 왠지 모르게 더 애정이 간다는 것을 알게 되었다. 그래서 예전에는 이가 빠지면 당연히 버려야 한다고 생각하며 쓰레기통으로 보내던 그릇들이 이제는 찬장 한쪽에 소중하게 자리 잡았고, 결혼하면서 구입해 20년 넘게 사용해오며 '언젠가는 꼭 새 밥솥을 사고 말 거야'라며 쓰던 오래된 전기밥솥도 지금은 아주 사랑스러운 밥솥으로 부엌 한쪽을 차지하고 있다. 그뿐만 아니라 베이킹을 오래하다 보니 점점 까매져서 보기 흉하게 변해버린, 여차하면 버리려고 작정한 쿠키 팬들도 더 이상 흉물스럽지 않고 예쁘게 보게 되었다. 벼룩시장과 앤티크 상점에 들어서면 그렇게 마음이 편안할 수가 없다. 오랜 세월이 느껴지는 그릇들을 구석구석 구경하면서 나는 상상 속에 빠지곤 한다. 오래전 사람들이 생활하던 그때의 모습을…. 그리고 나의 살림살이들도 내 손으로 곱게 사용하다가 먼 훗날 어느 누군가가 나처럼 애정을 가지고 사용해주는 상상을 하곤 한다.

✳ 나의 부엌에는 …

1. 쌀통·밀가루통

벼룩시장에서 구입한 손잡이가 달린 프렌치 스타일의 하얀 법랑 냄비 2개는 빵을 구울 때 자주 사용하는 밀가루와 쌀을 보관해두는 용도로 쓰고 있는데 모양도 예뻐서 내가 아주 많이 아끼는 것들 가운데 하나이다.

2. 오래된 계량컵

베이킹할 때 사용하는 오래된 계량컵을 구입했다. 오래된 것들은 모양이 참 다정스러워서 좋다. 보고만 있어도 괜히 기분이 좋아지는 컵이라 주방 가까이에 놓고 필요할 때마다 사용한다. 스테인리스 재질이 아니라서 물기가 있으면 녹이 스는 단점이 있지만 물기만 바로바로 제거하면 빈티지 느낌이 나는 재질을 충분히 즐기면서 사용할 수 있다.

3. 안성맞은 티포트

앤티크 상점에서 저렴한 가격에 구입한 티포트에는 매일 아침 내가 좋아하는 현미 녹찻잎과 함께 따뜻한 물이 부어진다. 그리고 그렇게 나의 하루를 시작한다.

4

2

4. 쇠로 만든 팬

언젠가 미국 방송의 TV 아침 쇼에서 코팅된 프라이팬을 높은 열로 사용하면 몸에 안 좋은 나쁜 화학 성분이 나온다는 내용을 본 적이 있다. 그럼에도 잘 들러붙지 않는다는 이유만으로 찜찜한 마음을 뒤로한 채 조심해서 코팅된 프라이팬을 사용했다. 한 번 사면 코팅이 벗겨질 때까지는 계속 쓰는데 슬슬 코팅이 벗겨지는 조짐이 보이더니 음식도 들러붙기 일쑤였다. 새 코팅 팬을 사야 겠다고 생각하고 있던 차에 예전에 벼룩시장에서 묵직한 쇠로 만든 앙증맞은 손바닥만 한 크기의 팬을 구입한 게 생각이 났다. '코팅이 되어 있지 않으니 음식이 잘 붙겠지?' 하는 생각이 들면 서도 그저 모양이 예뻐서 샀던 것이다. 기름을 두르고 처음 만들어본 것은 달걀프라이. 예상대로 달걀이 여지없이 들러붙어버렸는데 그 순간 '옛날 사람들도 다 사용했던 건데, 들러붙지 않게 하 는 요령이 있을 거야' 싶은 생각이 들었다. 그러자 오래전 어머니께서 즐겨 사용하시던 쇠로 만 든 팬이 기억이 났다. 음식물이 들러붙지 않게 하기 위해 어머니께서는 각별히 신경을 쓰면서 팬 을 사용하셨는데 당시 어린 나는 '세련되고 성능 좋은 프라이팬도 많은데 왜 하필 저런 고물을 쓰시는 걸까' 늘 이상하게 생각했었다. 그때 어머니께서는 팬을 사용하고 나면 종이로 깨끗이 닦 고는 기름칠을 해서 보관해두셨다. 그 모습이 떠올라 곧 작은 팬을 데운 후에 몇 차례 기름칠을

정성껏 하고 나서 크레이프를 만들었다. 그랬더니 마치 요술을 부리는 것처럼 그 얇은 크레이프가 한 장 한 장 잘도 예쁘게 떨어지는 것이었다.

'아…, 이렇게 좋은 팬이 나의 무지로 써보지도 못할 뻔했구나' 싶었다. 그리고 아무 망설임 없이 다시 벼룩시장을 찾았다. 그리고 그곳에서 나는 새 코팅 팬을 구입하는 대신 무겁지만 몸에 안전한 쇠로 만든 오래된 팬을 구입하였다.

5. 빈티지 베이킹 도구

벼룩시장이나 앤티크 상점에서 구입한 여러 가지 모양의 쿠키 커터를 병에 모아놓았다. 이중에는 지금은 더 이상 구입할 수 없는 특별한 형태의 아주 오래된 쿠키 커터도 있고, 지금도 흔히 구할 수 있는 것이지만 오래된 빈티지 느낌이 좋아서 구입한 쿠키 커터도 있다. 그리고 손때가 묻은 케이크 틀과 밀대 등…. 옛날에 어떤 가정에서, 어떤 사람이 아이들과 함께 만들었을 쿠키 커터와 케이크 틀 그리고 밀대를 사용하면서, 단지 그 모습을 잠시 상상하는 것만으로도 즐거운 일이다.

6. 손으로 짠 안성맞춤 매트

앤티크 상점에서 구입한 물건 가운데 누군가 정성 들여 뜨개질해 만든 작은 매트는 내가 아끼는 것들 중 하나다. 따뜻한 느낌이 좋아서 좀 더 자주 사용할 수 있는 수저 받침대로 사용하고 있다. 크림빛 받침대는 뜨거운 냄비를 받치는 것인데 이것 또한 수저 받침대로 즐겨 사용한다. 뜨개질 솜씨가 없는 나로서는 이런 것을 만드는 사람들의 손재주가 너무 부러울 따름이다.

7. 오븐 위 풍경

우리 집 오븐 위에는 자주 사용하는 소금과 후추통들이 올려져 있다. 사용할 때마다 일일이 찬
장에서 꺼내지 않아 좋고, 보기에도 좋아 내가 사랑하는 공간이다. 벼룩시장에서 구입한 푸른
문양이 그려진 장식용 접시를 걸어놓으니 하얀색 벽이 한결 포근해 보인다.

8. 양초

나는 집 안에 촛불을 자주 켜놓는 편이다. 특히 창문을 열어놓기가 어려운 추운 겨울이면 음식
냄새를 제거하는데 촛불처럼 좋은 것이 없다. 15~30분 정도 켜놓으면 음식 냄새 제거뿐 아니
라 초에서 나오는 따뜻한 기운과 향기까지 집 안 곳곳에 퍼져 참 좋다. 그리고 양파를 썰 때 초
를 켜놓고 썰면 눈물이 나는 것을 예방할 수도 있다. 초도 중고 상점에서 새것을 싼 가격에 구
입해 사용한다.

9. 앤티크 병과 블루 에인절

싱크대 앞쪽에는 벼룩시장에서 구입한, 물이 담긴 예쁜 병에 함께 따라온 블루 에인절Blue Angel
이란 식물이 있다. 병도 예쁘지만 초록색의 동그란 이파리가 참 사랑스럽게 보였다. "물속에서
얼마나 오랫동안 싱싱함을 유지할까요?"라는 나의 질문에 상점 주인은 한 달 정도 갈 거라고
말했지만 한 달이 지나고, 두 달이 지나고, 넉 달이 되어가자 잎이 점점 무성해지고 키도 조금
씩 자라서 가지 하나를 또 다른 병으로 이사를 시켰다. 아, 정말 대견한 녀석들…!. 물만 매일매
일 채워 넣어주었을 뿐인데, 그 물속에 뿌리를 참 잘도 내린다.

10. 빨간 줄무늬 다이닝 의자 커버

앤티크 상점에서 모두 합해 3달러 주고 구입한 빨간색 의자 커버를 씌우니 집 안이 한결 따뜻해 보인다. 누군가의 손에 의해 만들어진 정성 덕분에 감사한 마음으로 잘 사용하고 있다.

11. 곳곳에 놓아두는 꽃들

꽃을 좋아하는 나는 집 안 곳곳에 중고 상점에서 구입한 예쁜 조화를 놓는 것을 즐긴다. 생화보다 더 아름다울 수는 없지만 생화는 가격도 비싸고 또 시들고 나면 버려야 하기 때문에 늘 보고 즐길 수 있는 조화를 택한다. 혹은 생화를 말려서 드라이플라워로 만들기도 한다. 가끔씩 나는 스스로를 위해 비교적 가격이 저렴하면서도 아름다운 생화를 사곤 하는데, 그러다가 시드는 것이 안쓰러워 말려놓기 시작했다. 그런데 예쁘게 말리는 게 생각처럼 그리 쉬운 일이 아니었다. 내가 자주 가는 한 앤티크 상점의 구석에는 많은 종류의 아름다운 드라이플라워가 진열되어 있는데 그곳을 지나갈 때마다 '어쩜 이렇게 예쁘게 말렸을까' 하며 경이로워하곤 했다. 어느 날 그곳에서 아주 곱게 나이를 드신 드라이플라워의 주인을 만났다. 정원에서 키우는 꽃들을 직접 말리셨다고 한다. 어떻게 하면 이렇게 예쁜 색을 유지할 수 있느냐고 여쭤보았더니 싱싱한 상태의 꽃을 꺾어 거꾸로 매달아 바로 말리면 예쁜 색을 유지할 수 있다고 귀띔해주셨다. 그분이 말린, 내가 참 좋아하는 작은 피오니Peony꽃 한 다발을 사가지고 돌아왔다. 생화 가격에 비해 너무나 싼 가격에…. 하지만 아름다움은 여전히 간직하고 있다….

ITCHY'S FLEA MARKET

8

11

10

9

추억의 장소

사진을 담기 좋은 계절이 오면 즐겨 찾아가는 곳이 있다.

아담하고 오래된 낡은 집이 많이 밀집해 있는 곳…
그곳에 피어 있는 꽃들은 한 송이 한 송이…
화려한 곳에 피어 있는 꽃들보다 더 사랑스럽다.

사실… 사진을 찍기 시작하면서부터 사물을 보는 나의 시선이
많이 달라져가고 있다.
처음 포트 콜린스에 왔을 때 모든 것이 오래되어 낡은 느낌의 이곳은
그리 찾아가고 싶은 곳이 아니었는데…

지금은 포트 콜린스에서의 추억을 제일 많이 간직한 곳이 되었다.

행복한 오후
Kids' Meals

산뜻한

가든 케사디야
Garden Quesadilla

날씨가 더워지면서 입맛도 잃어버리기 쉬운 계절에는 매콤하면서 입맛 돌게 하는 멕시칸 음식, 케사디야가 먹고 싶어진답니다. 하루는 경아가 그린 토르티야와 허니 맛 햄을 사왔답니다. 그런데 해가 지날수록 한국 음식이 더 좋아지는 저의 미각 때문에 토르티야는 냉장고 한쪽 구석에서 홀대를 받았지요. 그러던 어느 날, 살사소스가 먹고 싶다는 경아의 말에 우리 모녀는 의기투합하여 "그럼 케사디야를 만들어서 한번 먹어볼까?" 하고는 바로 실행에 옮겼답니다. 살사소스는 제가 만들고, 경아는 토르티야를 데우고 햄을 넣어 마무리했어요. 그리고는 채소도 함께 토르티야 안에 넣으려는데 늘 새로운 것을 시도해보는 것을 좋아하는 경아가 토르티야 겉에 올려놓고 먹어보자고 하는 거예요. 샐러드 느낌이 나는 케

사디야…? 생각해보니 그것도 괜찮겠더라고요. 신선한 채소의 맛을 더 느낄 수 있으니 말이에요. 케사디야를 이렇게 만들면 느끼하지 않은 신선한 케사디야를 120% 즐길 수 있답니다.

라임 맛과 매콤한 실란트로(고수) 향이 독특한 살사소스는 케사디야를 먹을 때 없어서는 안 될 아주 특별한 소스예요. 그린 토르티야는 미국에선 슈퍼마켓에서 쉽게 구할 수 있는데 한국에선 온라인으로 구입이 가능한 것 같아요.

* 8개 분량
그린 토르티야 8장(또는 일반 토르티야) · 샐러드용 모둠 채소 네 줌 · 햄 16장 · 체더치즈 적당량 · 딸기 8개 · 플레인 요구르트 200g
* **살사소스**: 잘게 썬 토마토 2개 · 잘게 썬 실란트로 20g · 잘게 썬 양파 20g · 잘게 썬 청양고추 약간 · 라임 즙 1개 분량(또는 레몬즙)

 **1** 살사소스 – 볼에 소스 재료를 모두 섞어 살사소스를 만들어요.

2 팬을 중간 불로 데우고 토르티야를 얹은 뒤 그 위에 햄 2장을 깔아요. 그리고 체더치즈를 솔솔 뿌린 다음 반을 접어 치즈가 살짝 녹을 때까지 두세요.

3 접시에 햄과 치즈가 들어간 토르티야를 담고 테이블에 살사소스, 채소, 얇게 썬 딸기, 플레인 요구르트를 함께 올려놓아요. 토르티야 위에 준비한 재료를 올리고 살사소스를 듬뿍 끼얹은 다음 칼로 잘라 드세요.

 # 해산물 머스터드 크림 스파게티
Seafood Mustard Cream Spaghetti

어느 날 경아가 만들어본 고소한 맛이 일품인 해산물 크림 스파게티랍니다. 레서피도 없이 냉장고에 있는 재료로 이것저것 넣어 세상에 하나밖에 없는 경아만의 해산물 크림 스파게티가 탄생했어요. 해산물과 파스타의 맛을 제대로 살린 담백한 맛을 느끼게 한 경아의 요리는 정말 훌륭했어요. 조금의 주저함도 없이 머스터드를 넣을 때 저는 깜짝 놀라 눈이 휘둥그레진 채 경아의 스파게티를 쳐다보았어요. 저도 음식을 하면서 종종 레서피에 없는 재료를 넣곤 하지만 왠지 크림 스파게티와 머스터드는 어울리지 않는 재료라고 생각했거든요.

"경아야, 크림 스파게티에 머스터드가 들어가는 레서피는 한번도 보질 못했는데… 정말 괜찮을까?" "엄마, 요리는 창의적으로 만드는 거예요! 난 크림 스파게티에 머스터드를 넣어보고 싶어요."

그런데 우려한 것과는 달리 정말 맛이 훌륭했습니다. 해산물의 비릿한 맛을 화이트 와인과 머스터드가 잡아주더라고요. 입안에서 느껴지는 은은한 머스터드 향이 바질 향과 어울려 아주 좋았고요. 그때 저는 경아한테 중요한 걸 배웠답니다.

재밌게 본 드라마 <식객>에 나온 대사가 생각나더라고요. "음식은 상상력으로 만드는 거"라고, "그 상상력이 음식의 역사를 바꿀 수 있다"고 그랬지요.

경아의 맛있는 해산물 크림 스파게티를 소개합니다.

* 2인분

스파게티 국수 300g, 양배추 200g·호박 1/2개·모둠 해산물 300g·우유 1/4컵·화이트 와인 2TS·디종 머스터드 1TS·마른 바질 1TS·다진 마늘 2쪽 분량 [올리브유·볶은 참깨·파르메산 치즈 가루·소금·후춧가루 약간씩]

 1 스파게티 국수를 20분 동안 삶으세요.

2 국수가 삶아지는 동안 재료를 준비해요. 해산물은 모두 손질해서 작게 잘라두세요. 양배추는 사방 1cm 크기의 정사각형으로 작게 자르고, 호박은 0.6cm 크기의 주사위 모양으로 잘라놓아요.

3 중간 불로 달군 팬에 올리브유와 다진 마늘을 넣고 엷은 갈색이 될 때까지 볶으세요.

4 센 불로 올린 후 해산물+화이트 와인을 넣고 빠르게 볶다가 호박+양배추를 넣어 센 불에서 재빨리 볶으세요.

5 삶은 스파게티 면을 넣고 우유+디종 머스터드를 넣어 촉촉하게 버무린 뒤 마지막으로 바질+볶은 참깨+파르메산 치즈가루를 넣고 소금과 후춧가루로 간을 맞춰요. 파스타에 소스가 부족하다 싶으면 우유를 좀 더 넣으세요.

TIP !

해산물 요리는 센 불에서 아주 재빨리 만들어야 재료의 맛을 제대로 살릴 수 있답니다.

5

5

5

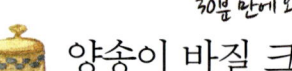
30분 만에 완성하는
양송이 바질 크림 스파게티
Basil Mushroom Cream Spaghetti

캠벨 양송이 크림 수프 한 캔으로 레스토랑 음식보다 더 맛있는 크림 스파게티를 30분 만에 만들 수 있는 레서피랍니다. 알프레도 크림소스보다 느끼하지 않아서 아주 맛있어요. 하루는 경아가 미국 친구들로부터 양송이 크림 수프 캔으로 크림 스파게티를 만들어 먹는다는 이야기를 듣고 왔어요. 그래서 경아와 함께 집에 있는 재료를 이용해 만들어보았는데 정말 아주 맛있게 완성 되더라고요. 만드는 시간도 오래 걸리지 않고 간단해서 갑자기 집에 손님이 오실 때 손쉽게 근사한 식사를 대접할 수 있답니다. 수프와 몇 가지 향신료 외에 좋아하는 채소라면 어느 것을 넣어도 좋아요. 저는 집에 신선한 바질이 없을 때는 마른 바질을 넣어서 만들기도 해요. 바질과 토마토의 향이 아주 잘 어우러지더군요. 이젠 레스토랑에서 비싸게 돈 주고 크림 스파게티를 사 먹지 않게 되었답니다.

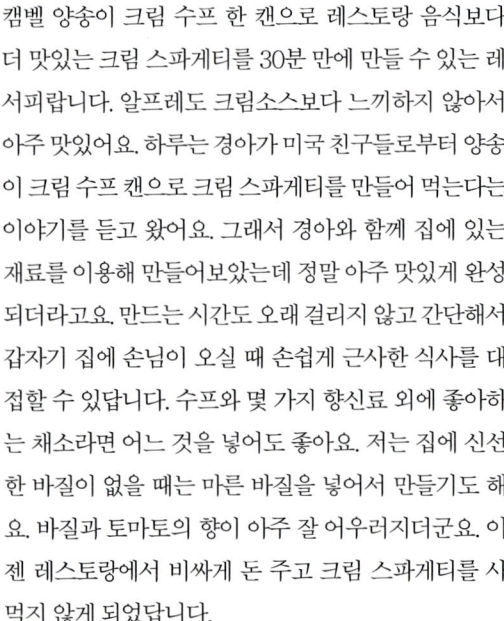

* 2인분
스파게티 국수 300g · 양송이 크림 수프(캠벨 크림 오브 머시룸 수프) 1캔 · 새우 10마리 · 시금치 두 줌 · 양송이 6개 · 노란 파프리카 1/2개 · 바질 한 줌 · 방울토마토 10개 · 다진 마늘 6~7쪽 분량 · 파르메산 치즈 가루 2TS · 물 1/4컵 [우유 · 올리브유 적당량씩 · 향신료(바질 · 타임 등) · 소금 · 후춧가루 약간씩]

 **1** 새우는 껍데기를 벗기고 등쪽의 내장을 제거하고, 시금치는 연한 잎 부분만 다듬어 놓으세요. 양송이는 슬라이스하고, 파프리카는 채 썰고, 바질은 씻어 건져두세요.

2 스파게티 국수를 소금과 식용유를 몇 방울 넣은 끓는 물에 넣고 약 20분 정도 삶아요. 국수가 삶아질 동안 다진 마늘을 깊이가 깊은 팬에 올리브유를 두르고 중간 불에서 갈색이 나도록 저으면서 볶으세요. 적당한 갈색이 되어야 고소한 스파게티가 된답니다.

3 ②의 볶은 마늘에 새우를 넣어 익힌 후 크림 수프+물+우유를 부어 잘 섞어요. 물과 우유는 나중에 면과 섞을 때 촉촉하게 부드러울 정도의 농도로 적당히 맞추세요.

4 ③에 시금치+파프리카+양송이+바질+방울토마토+파르메산 치즈 가루를 넣고 살짝 익히세요.

5 좋아하는 향신료를 적당량 뿌리고 소금으로 간한 후 후춧가루를 조금 뿌려 크림소스를 완성해요.

6 다 익은 ②의 스파게티 면을 올리브유를 두른 팬에 살짝 볶은 후 ⑤의 완성한 크림소스를 넉넉히 끼얹어요.

집에서 손쉽게 구워 먹는

로즈메리 양파 베이컨 발사믹 피자
Rosemary Onion Bacon Balsamic Pizza

어릴 적에 양파를 싫어해서 일일이 골라내며 먹던 지헌이가 맛있게 먹은 이탤리언 로즈메리 양파 베이컨 발사믹 피자랍니다. EBS <최고의 요리 비결>에 소개되었던 레서피예요. 어려울 거라고만 생각한 피자 만들기 가 방송을 보니 생각보다 쉬운 것 같아 바로 재료를 준비해서 만들어보 았답니다. 마침 집에서 기르고 있던 로즈메리 잎을 따서 만들었는데 한입 베어 물고 씹을 때마다 은은하게 풍기는 로즈메리의 향이 너무 좋아요.
'발사믹 식초로 맛을 낸 피자는 반드시 마리나라 소스가 있어야 맛있 다' 라는 저의 고정관념을 없애주었답니다. 로즈메리가 두통과 기억력 회 복에 좋은 만큼 건강에도 좋고, 맛도 좋은 피자랍니다.

* **크러스트**: 강력분 130g · 드라이 이스트 1 1/2ts(7g) · 설탕 1ts · 소금 1/8ts · 따 뜻한 물 6 1/3TS · 잘게 썬 신선한 로즈메리 1/4ts · 올리브유 1ts
* **토핑**: 양파 1개 · 붉은 양파 1개 · 잘게 썬 신선한 로즈메리 1/3ts · 마늘 2쪽 · 베 이컨 5장 · 발사믹 식초 3TS · 파인애플 160g · 모차렐라 치즈 230g [올리브유 적당 량 · 소금 · 후춧가루 · 파슬리 혹은 신선한 로즈메리 약간씩]
* 지름 28cm 피자 팬

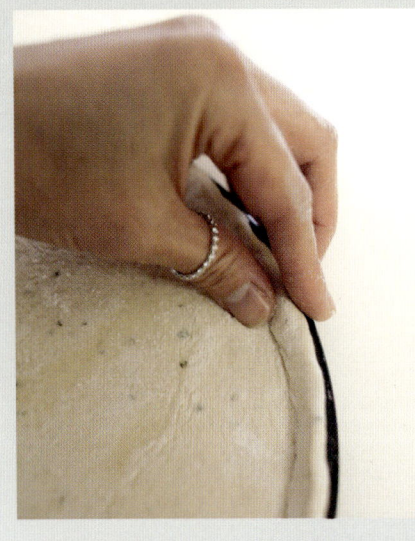

4

🥣 **1 크러스트**—믹싱 볼에 밀가루+드라이 이스트+설탕+소금을 함께 체에 치고, 로즈메리는 잘게 썰어요. 따뜻한 물+다진 로즈메리+올리브유를 섞어요. 로즈메리 섞은 물에 혼합한 밀가루를 넣고 10분 동안 아주 열심히 반죽하세요. 손바닥보다 작은 반죽이 되면 반죽 그릇을 랩으로 싼 후 뜨거운 물(40℃ 정도, 손을 넣어보아 따끈한 정도예요)에 반죽 그릇을 넣어(중탕) 발효시키세요. 30분 정도면 두 배로 부풀어 오릅니다. 발효될 동안 토핑 재료를 준비해요.

2 오븐을 190℃(375℉)로 예열해주세요.

3 토핑—링으로 썬 흰 양파와 붉은 양파+얇게 저민 마늘을 중간 불에서 6분 정도 볶아요. 베이컨을 잘게 썰어 넣고 양파와 함께 1분 정도 더 볶은 후 발사믹 식초를 넣어요. 잘게 썬 로즈메리도 넣고 양파가 짙은 캐러멜색으로 변하면서 흐물흐물해질 때까지 7분 정도 볶은 후 소금과 후춧가루를 조금 뿌려요. 신선한 파인애플을 작게 잘라두세요.

4 발효한 반죽을 피자 팬보다 크게 밀어 팬에 올린 후에 포크로 쿡쿡 찔러 구멍을 여기저기 내주면 굽는 동안 반죽이 많이 부푸는 것을 방지해요. 그 위에 모차렐라 치즈를 조금 뿌린 다음 ③의 토핑을 얹고 파슬리(혹은 신선한 로즈메리)와 모차렐라 치즈를 솔솔 뿌려요.

5 예열한 오븐에 피자 팬을 중간 정도 높이의 위치에 놓고 약 15분 정도 구우세요.

TIP !

* 이스트 종류에 따라 30분보다 1~2시간 늦게 발효될 수 있어요. 이스트는 반드시 냉장고에 보관해야 이스트의 품질이 변하지 않아요.

* 토핑은 그때그때 다른 재료를 사용할 수 있어요. 양파 1/2개+베이컨 5장+얇게 썬 감자 1개+발사믹 식초 3TS을 넣고 오래 볶다가 피자 반죽 위에 올린 다음 작게 썬 피망을 약간 뿌리고 마지막에 모차렐라 치즈를 조금만 뿌려 만들어보세요. 또 다른 맛있는 피자가 만들어져요.

4

KINGSTOWN
2. 21. 03
ST VINCENT

경아와의 맛있는 데이트

경아와 함께 볼더 다운타운의 맛있는 피자집에서
샐러드용 채소를 듬뿍 얹은
훈제 연어 피자와 베이컨 양송이 피자를 먹던 날….

초저녁엔 음식 가격을 할인해주므로 조금 일찍 갔더니
빈자리가 많았다.
레스토랑에 가면
늘 같은 모습이 내 눈에 들어온다.
소금병과 후추병 사이에 늘 메뉴라는 벽이 있다는 것.
그리고 자동적으로 그 벽을 치우는 나의 손….

그러고 보면,
나를 설레게 하는 것들이 참 많다.
음식이 나오기 전의 흰 냅킨과
가지런히 음식이 나오기를 기다리는
포크와 나이프도,
아무 맛도 나지 않는 차가운 맹물도,
이유 없이
나를 들뜨게 한다….

오랜만에 즐거운 이야기를 나누면서
맛있는 음식까지 먹으니 경아도 나도 너무 행복했다.
어느덧 훌쩍 자란 경아는 밖에서 보니
더 듬직하고 믿음직스러워 보인다.

신선한

훈제 연어 가든 피자
Smoked Salmon Garden Pizza

경아가 기숙사 생활을 끝내고 대학교 근처에서 룸메이트와 함께
살 아파트를 찾아보기 위해 함께 볼더에 갔답니다. 한참을 돌아다
니다가 배가 고파져서 경아가 맛있다고 추천한 '바카로Bacaro'란
이탤리언 레스토랑에 들어갔어요. 그곳에서 저는 아주 독특한 피
자를 신선한 충격을 받으며 맛봤답니다. 그것은 오븐에서 바로 나
온 뜨거운 피자 크러스트 위에 훈제 연어와 신선한 채소를 그대로
얹은 피자였어요. 크러스트도 고소하고, 산뜻한 피자의 맛이 정말
훌륭했답니다. 한 가지 아쉬운 점이 있다면 훈제 연어가 제 입맛에
는 너무 짜서 조금씩 골라내고 먹어야 했다는 거예요. 사실 미국에
서 가끔 외식을 하다 보면 미국인의 짠 입맛 때문에 모처럼 외식하
러 나가서 물만 엄청 마시고 들어오기도 해요. 그래서 저는 맛있게
먹은 음식을 집에 와서 소금을 적게 넣고 다시 제 입맛에 맞게 재
현해보곤 한답니다.
훈제 연어 가든 피자도 집에서 직접 만들어보았어요. 언제 먹어도
부담스럽지 않은 얇고 향긋한 로즈메리 향의 크러스트 위에 요구
르트 소스를 바르고 토핑으로 훈제 연어와 샐러드용 채소를 올리
니 근사한 훈제 연어 가든 피자가 완성되었답니다. 신선한 피자가
먹고 싶은 날에는 훈제 연어 가든 피자를 한번 만들어보세요.

* **크러스트** : 강력분 130g · 드라이이스트 1 1/2ts(7g) · 설탕 1ts · 소금 1/8ts · 따뜻한 물 6 1/3TS · 잘게 썬 신선한 로즈메리 1/4ts · 올리브유 1ts * **토핑** : 붉은 양파 1/2개 · 베이컨 5장 · 훈제 연어 120g 샐러드용 채소 두 줌 · 토마토 적당량 * **요구르트 소스** : 플레인 요구르트 5TS · 바질 1ts · 소금 약간 * 지름 28cm 피자 팬

1 크러스트 – 크러스트 레서피 << page 82

2 오븐을 190℃ (375 ℉)로 예열해주세요.

3 훈제 연어는 적당한 크기로 썰어 두고 채소들은 씻어놓으세요. 토마토는 작게 깍둑썰기 하고, 붉은 양파는 가늘게 썰어 팬에 볶아요. 베이컨도 팬에 구워 잘게 썰어놓아요.

4 볼에 소스 재료를 모두 섞어두세요.

5 발효가 다 된 반죽을 밀대로 얇게 밀어 피자 팬에 올린 후 ③의 볶은 양파를 올리고 예열한 오븐에 넣어 15~20분 정도 크러스트가 노릇노릇해질 때까지 구워요.

6 ⑤의 크러스트를 오븐에서 꺼내어 소스를 펴 바른 뒤 훈제 연어+샐러드 채소+토마토+베이컨을 골고루 얹으면 맛있는 훈제 연어 샐러드 피자가 완성된답니다.

TIP !

요구르트 소스 대신에 시저 샐러드 드레싱을 이용해도 맛이 있답니다. 연어의 비린 맛을 많이 없애주어요.

<< 시저 샐러드 드레싱 레서피 page 52

홈메이드

쇠고기 채소 두부 라자냐
Meat Vegetable Tofu Lasagna

라자냐는 넓적한 라자냐 파스타 위에 층층이 필링을 얹어 오븐에 구워 먹는 이탈리아 음식이에요. 제가 가장 좋아하는 서양 음식인데, 레스토랑에서 먹는 라자냐는 치즈가 너무 많이 들어가서 먹는 순간은 맛있지만 집에 오면 늘 속이 거북하더라고요. 그래서 치즈 양을 줄여 나만의 레서피로 집에서 만들어 먹었는데 속도 편하고, 아이들도 아주 맛있게 먹었답니다. 라자냐에는 리코타 ricotta 치즈와 코티지 cottage 치즈가 들어가야 하지만 저는 아이들이 별로 좋아하지 않는 두 종류의 치즈를 과감히 빼고, 대신 파르메산 치즈 가루를 넣었어요. 그랬더니 밖에서 사 먹는 라자냐보다 덜 느끼하면서도 고소한 치즈 맛이 아주 좋더군요. 넓적한 오븐용 그릇에 한 그릇 구위내면 아주 푸짐하게 여러 명이 먹을 수 있어요. 손님 초대 음식으로도 간단하고 멋지게 준비할 수 있는 음식이에요. 제가 소개할 건 고기와 채소 그리고 두부를 넣어 두부의 촉촉함과 채소의 신선한 맛을 즐길 수 있는 라자냐예요. 고기만 들어간 라자냐를 좋아하던 큰아이도 이제는 어느덧 엄마가 만들어주는 채소 두부 라자냐를 좋아하게 되었답니다. 오늘부터 집에서도 맛있고 부담 없는 이탤리언 라자냐를 만들어보세요.

 **1** 기름을 조금 넣은 끓는물에 파스타를 넣고 15분 동안 삶아요.

2 파스타가 삶아지는 동안 필링 재료를 준비해요. 호박은 잘게 썰고, 시금치는 잎 부분만 굵직하게 썰고 두부는 으깨어 물기를 꼭 짜 두세요.

3 오븐을 190 ℃ (375 ℉)로 예열하세요.

4 팬을 달군 후 올리브유를 붓고 다진 마늘을 넣어 볶다가 간 쇠고기+후춧가루를 함께 넣어 볶으세요.

5 라자냐를 만들 오븐용 그릇에 올리브유를 바르고 삶아 건진 파스타 2장을 길게 깔아요. 그 위에 스파게티 소스를 펴 바른 후 ④의 쇠고기를 한 겹 깔고 모차렐라 치즈+파르메산 치즈 가루를 적당량 뿌린 다음 파스타 2장을 올리세요. 그 위에 스파게티 소스와 시금치를 차례로 올리고 두 가지 치즈를 뿌린 뒤 다시 파스타를 얹어요. 여기에 스파게티와 ④의 볶은 쇠고기를 올리고 호박+두부+두 가지 치즈를 올린 다음 마지막으로 파스타를 얹고 맨 위에 스파게티 소스를 바른 뒤 치즈를 듬뿍 뿌려요.

6 쿠킹포일에 내용물이 닿지 않도록 잘 싼 후 예열한 오븐에 넣어 50분~1시간 정도 구우세요. 쿠킹포일를 벗긴 뒤 오븐을 220 ℃ (425 ℉)로 올려 10분 정도 더 구워요. 쿠킹포일을 벗기고 좋아하는 허브 잎을 얹어 장식하세요.

* 4인분
라자냐 파스타 (24x6cm) 8장·간 쇠고기 250g·다진 마늘 1ts·작은 호박 1개·
시금치 140g·두부 1/4모·스파게티 소스 1컵 정도·신선한 허브 잎 약간
[모차렐라 치즈·파르메산 치즈 가루·올리브유 적당량씩·후춧가루 약간]
* 오븐용 내열 그릇

허브 향이 그윽한

잉글리시 코티지 파이
English Cottage Pie

코티지 파이 Cottage Pie 는 영국과 아일랜드 사람들이 오래전부터 즐겨 먹은 파이랍니다. ≪푸드 에브리데이(Food Everyday) ≫라는 잡지책에 나온 레서피인데요, 원래 주재료가 고기와 감자인데 부드러운 느낌이 좋아서 파스타와 다른 채소를 추가로 넣고 맥주 대신 홈메이드 닭 육수를 만들어 넣었답니다. 코티지 파이라는 이름은 감자를 얇게 슬라이스해 맨 위에 올려놓은 모습이 마치 시골집 Cottage 의 지붕 위를 연상시킨다는 데서 이름이 유래했다고 해요. 보통 매시트포테이토를 사용하기도 하는데, 원래 전통적인 코티지 파이는 감자를 슬라이스로 썰어 올린대요. 그래야 완성된 모양도 더 예쁜 것 같아요. 간 쇠고기와 채소 그리고 파스타, 여기에 빼놓을 수 없는 타임 향의 조합이 아주 환상적이에요.

군이 외식을 하지 않아도 이렇게 집에서 멋지고 맛있는 파이를 만들어 드실 수 있답니다. 아이들 간식이나 한 끼 식사로도 훌륭하고요. 특별한 상차림의 손님 초대 음식으로도 좋아요. 제가 음식을 하나씩 준비해가는 저녁 모임에 만들어 가지고 나가면 모두들 아주 맛있게 먹는답니다. 제가 만든 코티지 파이, 셀리나의 치즈 크레이프 디저트, 낸시가 준비한 쿠키, 아리아가 가져온 맛있는 잡곡빵…. 그리고 사람을 너무도 좋아하는 토비와 함께 하는 더없이 즐거운 시간이었어요.

(왼쪽 위부터 시계 방향) 셀리나의 치즈 크레이프 디저트, 낸시의 쿠키, 나의 코티지 파이, 아리아의 잡곡빵

* 3인분

닭 육수(치킨 스톡) 1 1/2컵 · 파스타 220g · 쇠고기 240g · 감자 1~1 1/2개 · 당근(작은 것) 1/2개 · 양파 1/4개 · 피망 1/4개 · 토마토 1 1/2개 · 타임(신선한 타임 또는 말린 타임 가루) 2ts · 토마토 주스 4TS · 버터 또는 식용유 3TS · 밀가루 2TS · 모차렐라 치즈 가루 한 움큼 [소금·후춧가루 약간씩]

1 닭 육수－하루 전날에 닭 육수를 만들어 기름기를 걷고 냉장고에 보관하세요. 작은 영계 1마리＋당근 1개＋셀러리 2대＋월계수 잎 2장＋양파 약간＋물을 닭이 충분히 잠길 만큼 넉넉히 넣고 약한 불에서 1시간 정도 끓이세요. 간편하게 시판하는 치킨 스톡을 사용해도 돼요.

2 오븐을 204℃(400℉)로 예열하고, 파스타는 20분 정도 삶은 다음 찬물에 헹구세요.

3 파스타를 삶는 동안 당근, 양파, 피망을 모두 잘게 썰어요. 중간 불로 팬을 달군 후 식용유를 두르고 당근을 먼저 볶다가 어느 정도 익으면 양파를 넣어 볶으세요. 양파가 투명한 색이 되면 잘게 썬 토마토를 넣어 좀 더 볶아요.

4 ③의 볶은 재료를 팬의 한곳으로 몰아놓고 다른 한쪽에 간 쇠고기를 넣고 볶으세요. 어느 정도 고기가 익으면 타임을 넣어 잘 섞은 뒤 ①의 닭 육수 1/2컵을 붓고 계속 저으면서 국물이 어느 정도 졸아들 때까지 볶아요. (원래 레서피에는 이 과정에서 닭 육수 대신 맥주를 넣어요.)

5 ④에 피망을 넣고 볶다가 밀가루를 넣어 고루 푼 다음 파스타를 넣어요. 여기에 남은 닭 육수 1컵과 토마토 주스를 넣고 걸쭉해질 때까지 끓이다 소금과 후춧가루로 간을 맞추고 모차렐라 치즈를 넣어요.

6 오븐용 그릇에 ⑤의 파이 속 재료를 담고 얇게 썬 슬라이스 감자를 바깥쪽부터 돌려가며 포개듯이 올려놓아요.

7 녹인 버터를 감자 위에 브러싱한 뒤 예열한 오븐에 넣어 45~50분 정도 구워요. 단, 감자 표면이 너무 탈지 모르니 45분쯤부터 오븐 안을 확인해가며 구워요.

6

7

포트 콜린스 올드 타운의 여유로운 아침 정경 (Old Town in Fort Collins)

이른 아침 애완견과 함께

여유롭게 산책하는 모습에서

사랑과 여유를 느끼며

하루를 시작한다.

느림보 엄마를 기다려주는
마음이 따뜻하고 행복한 아이

내가 담은 지헌이의 사진들 중에는 내 앞에서 걸어가고 있는 사진이나 혹은 조금 떨어진 거리에서 나를 기다리고 있는 사진이 많다. 가족 모두 함께 산에 가는 날이면 저 멀리 앞쪽에서 아빠와 경아가 함께 걸어가고, 걸음 속도가 느리고 산을 잘 못 타는 나는 항상 뒤처져서 걷곤 하는데 어릴 적부터 지헌이는 고사리 같은 손을 엄마에게 내밀며 잡아주기도 하고 느림보 엄마를 기다려주기도 했다. 키가 엄마보다 훌쩍 커버린 지금도 지헌이는 늘 나를 기다려주는데 그런 아이에게 조금은 미안하기도 해서 하루는 물어보았다. "지헌아! 혈기왕성하고 젊은 네가 느린 엄마 걸음 속도에 맞추려면 많이 답답할 텐데. 그렇지?" "아니요, 전 괜찮아요. 오히려 잘 걷는 사람이 그렇지 못한 사람을 앞에서 이끌어줘야 하잖아요." 순간 아이의 따스한 마음 씀씀이에 감동받아 그 순간이 그 어느 때보다 행복했다. 몸도 마음도 건강하게 잘 자라준 아이에게 아무것도 해준 것이 없는 나는 많이 고마웠다.

지헌이는 늘 행복하다고 한다. 그래서인지 짜증나는 상황에서도 별로 화를 내는 법이 없고, 마음이 늘 고요하다. 큰 욕심 없고 지금 살고 있는 포트 콜린스의 아름다운 자연을 좋아하는 지헌이는 친구들과 산에 오르는 것을 좋아한다. 포트 콜린스 주립대학교에서 자신의 결정대로 스스로 좋아하는 그래픽 디자인을 전공하고 있는데, 지헌이는 작업도 참 평온하게 한다. 내가 작업을 하다가 일이 잘 안 풀려 징징거리면 지헌이는 종종 이렇게 말한다. "엄마! 그럴 때는 작업을 잠시 중단해보세요. 짜증낸다고 일이 해결되지는 않아요. 잠시 쉬고 덮어두었다가 나중에 다시 작업하면 잘돼요." 중학교 때 미국에 와서 영어도 서툴고 모든 것이 낯선 환경에서 잘 적응해주던 지헌이가 어느새 이렇게 커버렸다. 엄마에게 따뜻한 조언도 해줄 만큼….

처음 미국에 왔을 때는 나의 기대치를 정해놓고 그 틀에서 벗어나면 혼도 내고 서로를 힘들게 한 시간들이 있었다. 나는 엄마로서 아이가 실패 없이 커가기를 바랐고, 아이는 실수도 해보면서 때로는 진흙탕 속에 발을 빠뜨려보기도 하면서 스스로 걸어가기를 원했다. 결국 나는 지쳐갔고, 이건 아니다 싶어 아이의 시선으로 바라보기 시작하면서 지헌이

와 서로 편해질 수 있었다. 지금 생각해보면 정말 잘한 일인 듯싶다. 엄마인 내가 해줄 수 있는 것은 아이를 믿고 바라봐주는 따스한 마음을 전해주는 것, 그리고 하나님께 지헌이를 위해 끊임없이 기도 드리는 것이라는 것을 예전엔 미처 몰랐다.

지헌이는 겉으로는 무뚝뚝해 보이지만 속은 감수성이 풍부하고 다른 사람에 대한 배려를 많이 해주는 아이다. 지헌이에게는 오랫동안 함께하는 좋은 친구가 몇 명 있는데 그 아이들을 보고 있으면 참 흐뭇하다. 서로에게 힘이 되어주고 따뜻한 정을 오래도록 나눈다는 것이 얼마나 행복한 일인지를 아니까.

얼마 전 자신의 간을 편찮으신 아버지께 나누어 드린 착한 딸의 감동스러운 이야기를 담은 방송을 본 적이 있다. 방송을 보고 아이에게 물어보았다. "지헌아, 너라면 어떻게 하겠니?" 지헌이는 조금의 망설임도 없이 "당연히 저의 간을 드려야지요. 그건 당연한 거예요. 내가 사랑하는 사람을 위해서라면…." "그렇구나. 너무 고마운 일이네. 부모라도 쉽지 않은 일인데…. 그러면 너의 친구가 간 이식 수술을 받아야 한다면, 그때는 어떻게 할 거야?" "친구라도 저는 저의 간을 줄 거예요. 왜냐하면 저의 친구들 또한 제 가족이거든요." "그 친구도 지헌이가 아프면 지헌이에게 간을 줄 수 있을까?" 나의 바보 같은 질문은 계속되었다. "그 친구가 제게 간을 주지 않는다 해도 저는 상관없어요. 서운해 하지 않을 거예요." 순간 머리가 멍해지는 느낌이 들었다. 마음 깊은 곳에서 울컥하는 뭔가가 솟구치는 느낌…. 아이가 늘 행복했던 비결은 바로 자신이 좋아하는 사람을 위해 어떤 대가를 바라지 않고 주는 것을 좋아하는 마음…, 이것이 아니었을까?

스트레스를 잘 받는 아이의 친구들은 지헌이의 행복한 마음을 닮고 싶다고 한다. 엄마의 시선으로는 너무 욕심도 없고, 악착같지 못하고, 늘 조금 모자란다고 생각한 부분이 친구들에게는 지헌이의 가장 큰 장점으로 다가갔던 것 같다. 지금처럼 늘 행복한 마음을 가지고 살아가는 지헌이를 바라보며 살 수 있다면, 아이가 어디에서 어떤 모습으로 살든 엄마로서는 그것이 가장 행복한 일일 것 같다.

홈메이드 치킨 수프
Homemade Chicken Soup

추운 날씨에 감기나 독감으로 고생해본 경험은 누구나 있을 거예요. 치킨 수프는 미국의 대표적인 컴포트 음식 comfort food 중 하나랍니다. 컴포트 음식에는 여러 가지 의미가 있어요. 향수를 불러일으키는 음식 nostalgic foods, 몸에 좋은 음식 well-being foods, 집에서 만든 음식 homemade foods, 혹은 디저트처럼 달콤한 음식 sweets, desserts을 말해요.

2010년이 저물어가던 어느 날 독감 주사를 맞았어요. 주사 한 대로 세 가지 독감을 예방하는 거였는데 제게는 너무 강했던지 아주 적은 숫자의 사람들만 앓는다는 독감 증상이 나타나고 말았어요. 주사 맞고 오던 날에 열이 나고 몸이 아프기 시작했는데 큰아이가 제 시중을 들어주다가 그만 그날로 같이 독감에 걸려버렸답니다. 미국에 온 후 감기라고는 걸려본 적이 없는 아이가 말이죠. 다음날부터 목이 아프다고 호소하면서 열이 나기 시작한 큰아이가 시름시름 앓아 누웠는데, 빨리 낫게 하기 위해선 뭔가를 먹어야 했어요. 식욕을 돌게 하면서 몸에 좋은 것이 뭐가 있을까 생각하다 치킨 수프가 떠오르더군요.

미국이나 여러 다른 나라에서도 아플 때, 특히 감기나 독감에 걸렸을 때 먹으면 효과가 있다고 알려진 치킨 수프. 그동안 저는 그냥 맛이 좋아서 가끔씩 해 먹었는데, 아파 누워 있는 지헌이를 위해서 좀 더 특별하게 만들어보았답니다. 오래전 한국에 있을 때 ≪영혼을 위한 닭고기 수프(Chicken Soup For The Soul)≫란 책을 읽은 적이 있어요. 그때 제목을 보면서 의아해 했지요. '영혼을 위한 닭고기 수프? 닭고기 수프가 왜?' 궁금한 건 못 참는지라 당시 인터넷으로 검색해보니 치킨 수프가 아플 때 만들어 먹는 민간요법 같은 음식이라는 것을 알게 되었죠. 그러니까 그 책 제목처럼 영혼을 치료해주는 치킨 수프였던 거예요.

우선 만들기 전에 먼저 인터넷으로 검색을 해보았어요. 과연 치킨 수프가 감기에 정말로 효과가 있는지를 알아보고 싶었어요. 연구 결과 실제로 치킨 수프는 감기, 독감에 좋은 치료제라는 것이 입증되었다고 해요. 고대 이집트에서도 치료 음식으로 쓰였을 만큼 치킨 수프는 항히스타민제(항염증제) 역할을 하고, 폐와 코의 점액을 축적시키는 백혈구의 운동을 멈추게 하는 효과도 있다고 해요. '바로 이거야! 어서 만들어서 지헌이에게 먹여보자!' 그때부터 저의 손은 바빠지기 시작했답니다.

집에서 기르던 허브를 사용해 맛있게 완성한 수프를 그릇에 담아 약을 먹고 잠시 열이 떨

어져 있던 지헌이에게 가져다주었죠. 입맛 없어도 다 먹으라며 잘 먹어야 감기가 뚝 떨어
진다는 말과 함께…. 열에 들떠 있던 아이는 기운 없이 한입 먹어보더니 맛있다며 목이
아팠는데 수프가 부드러워서 넘기기 편하다며 한 그릇을 뚝딱 비우더라고요. 아프던 첫
날은 하루 종일 치킨 수프만 먹으면서 지냈는데 다행히 다음날이 되자 심한 열이 내렸답
니다. 아무래도 영양가 많은 치킨 수프의 덕을 본 게 아닌가 싶어요. 감기에 걸린 분들은
치킨 수프를 한번 만들어 드셔보세요.

＊5~6인분
닭 육수 8컵(닭 1마리 이용)·마늘 3~4쪽·파
스타 60g·당근 1개·양파 1/2개·셀러리 2
대 [신선한 허브(세이지·오레가노·타임 등)·
향신료 약간씩]

1 닭 육수－깊은 냄비에 껍질
벗긴 닭 1마리와 마늘 3~4쪽
을 넣고 닭이 넉넉히 잠길 정도로 물을 충
분히 부어 30분 정도 푹 끓이세요. 적당한
크기로 자른 당근, 양파, 셀러리, 허브를 모
두 넣어 중간 불보다 약한 불에서 30분 이
상 모든 재료가 충분히 부드러워질 때까지
뭉근히 끓여요. 닭고기를 건져서 살만 발라

1cm 크기로 깍둑썰기한 다음 다시 넣어요.
2 다른 냄비에 파스타를 15~20분 정도 삶
아요. 삶은 파스타를 1시간 정도 끓인 닭 육
수에 넣어 함께 다시 15분 이상 끓이세요.
3 ②에 마른 타임을 조금 넣어요. (온라인
으로 구입 가능.) 마지막으로 소금으로 간하
면 완성이에요.

TIP !

끓이면서 국물이 너무 졸아든 듯싶으면 물
을 조금씩 더 붓고 끓이세요. 중간 불보다 약
한 불에서 오래 끓일수록 좋아요.

행복을 주는
치킨 포트 파이
Traditional Chicken Pot Pie

지헌이가 좋아하는 치킨 포트 파이라는 음식이 있답니다. 작은 오븐 용기에 미리 만든 여러 재료를 넣고 파이 셸을 만들어 그릇 위에 씌운 후 오븐에서 구워내는 음식이에요. 미국의 일반 가정에서 즐겨 만들어 먹는 컴포트 comfort food 음식 중 하나인데요, 슈퍼마 켓에 갈 때면 큰아이는 냉동 치킨 포트 파이를 사달라고 조르곤 했죠. 만드는 과정이 복 잡해 보여서 미국에 사는 몇 해 동안은 아이들이 좋아하는데도 불구하고 만들어볼 생각 조차 못한 음식이었어요.

지난 여름방학 동안 큰아이가 집에서 멀리 떨어진 곳에서 일을 했어요. 그러다 보니 일 주일에 한 번 집에 다니러 오면 점심에 먹을 냉동식품을 몽땅 사 가지고 가곤 했어요. 당 연히 포트 파이도 그중 하나였는데, 어쩌다 먹는 간식이 아닌 점심으로 늘 냉동식품을 먹어야 할 아이가 걱정이 되더라고요. '도대체 어떤 맛이지?' 하는 생각에 냉동 포트 파 이를 조금 먹어보고는 많이 놀랐어요. "아니, 그동안 이렇게 맛없는 음식을 맛있다고 먹 은 거야?" 저는 너무 놀라서 뒤늦게 냉동 포트 파이 맛을 본 제 자신을 질책하고 말았답 니다. 그래서 제 손으로 직접 맛있는 치킨 포트 파이를 아들에게 만들어주겠다고 다짐하 고는 실행에 옮겼지요. 조금만 수고를 하면 얼마든지 만들어줄 수 있는 걸 제가 너무 무 심했던 것 같아 큰아이에게 많이 미안하더라고요.

그렇게 완성한 포트 파이는 냉동 제품과는 비교도 안 되게 맛있었답니다. 파이 셸이 바 삭바삭하면서도 고소하고 속은 부드러운 홈메이드 포트 파이가 만들어졌죠. 마침 몇 주 만에 집에 돌아온 경아에게도 만들어주니 바로 오븐에서 나온 뜨거운 포트 파이를 먹으 면서 너무 행복해하더라고요. 그 모습을 바라보는 엄마의 마음도 물론 행복지했지요.

＊ 레서피 출처: 매거진 < 'TASTE of the south'>

10

10

* 3인분
* **닭고기 육수** : 닭 1마리 · 셀러리 2대 · 당근 1개 · 양파 1개 · 월계수 잎 2장 [소금·후춧가루 약간씩]
* **올드 패션 파이 크러스트** : 중력분 3컵(420g) · 소금 1ts · 차가운 무염 버터 170g(12TS) · 차가운 쇼트닝(작게 자른 것) 52g(4TS) · 찬물 1/2컵
* **파이 필링** : 버터 4TS · 감자(대) 2개 · 당근 1개 · 잘게 썬 양파 1컵 · 잘게 썬 셀러리 1/2컵 · 중력분 1/4컵 · 닭고기 육수 1 1/2컵 · 휘핑크림 1/4컵 +2TS · 후춧가루 1/2ts · 닭고기 살(결대로 찢거나 깍둑 썬 것) 2컵 · 소금 약간
* 20cm 원형 오븐용 그릇(또는 개인용 작은 그릇)

 1 닭 육수-끓는 물에 닭고기+셀러리 +당근+양파+월계수 잎+소금+후춧가루를 넣고 1시간 30분~2시간 정도 푹 끓이세요. 물의 양은 닭이 충분히 잠길 정도면 알맞아요. 육수에서 닭고기는 건져서 살만 결대로 찢거나 작고 도톰하게 썰어 소금을 살짝 뿌려 밑간해둬요.

2 크러스트 반죽-믹싱 볼에 밀가루+소금+차가운 쇼트닝을 넣고 잘 섞어요.

3 차가운 버터를 잘게 썰고 푸드 프로세서에 ②와 함께 넣어 아주 짧게 돌리세요. 미니 푸드 프로세서를 사용할 경우에는 네 번에 나누어 돌리세요. 믹싱 볼에 다시 옮겨 담은 다음 찬물 1/2컵을 넣고 손으로 재빨리 반죽한 뒤 랩을 씌워서 냉장고에 30분 정도 보관하세요.

4 오븐을 204℃(400℉)로 예열해두어요.

5 필링-감자를 큼직하게 잘라 찜기에 찐 후 깍둑썰기 하세요. 당근은 작게 썰어 살짝 데쳐두세요.

6 큰 팬을 준비해 중간 불에서 달군 다음 버터를 넣어 녹이고 양파와 셀러리를 넣어 4~5분 정도 양파가 투명해질 때까지 볶아요. 여기에 밀가루를 넣어 잘 섞으면서 2~3분 동안 밀가루가 갈색이 될 때까지 익혀요.

7 ⑥에 ①의 닭 육수를 천천히 부으면서 멍울이 생기지 않도록 잘 저으면서 조금 되직해질 때까지 3~5분 동안 끓이세요. 휘핑크림+소금+후춧가루를 넣어 1~2분 동안 자주 저으면서 끓여요.

8 불을 끄고 나서 ⑦에 닭고기 살+감자+당근을 넣어 섞으면 포트 파이 속 재료가 완성돼요. 재료가 너무 되직한 듯하면 휘핑크림을 좀 더 넣으세요.

9 크러스트-밀대에 밀가루를 뿌리고 ③의 크러스트 반죽을 놓고 얇게 밀어요. 오븐용 그릇 안에 넣을 원 모양과 겉에 올려놓을 원 모양을 만드세요.

10 오븐용 그릇 안에 크러스트 반죽 1장을 깔고 파이 속 재료를 넣으세요. 그리고 또 다른 크러스트 반죽을 올린 후 가장자리를 칼로 깔끔하게 잘라 포크로 가장자리에 모양을 찍고 칼로 반죽 위에 열십자로 칼집을 낸 다음 마지막에 휘핑크림으로 반죽 표면을 브러싱한 뒤 예열한 오븐에 넣어 크러스트가 갈색이 될 때까지 30분 정도 구워요.

고소하고 부드러운
세이지 버섯 파스타 그라탱
Pasta Gratin With Sage and Mushrooms

1

* 4인분
파스타 680g · 빵가루 21g · 우유 430g · 중력분 2TS(16g)
· 잘게 썬 세이지 1ts · 체더치즈 77g · 생표고버섯 2 1/4컵
· 베이컨 5~6장 [버터·소금·후춧가루 약간씩]
* 오븐용 그릇

1 파스타를 15분 정도 삶아놓아요.

2 푸드 프로세서로 빵가루를 만드세요.

3 오븐을 191℃(375℉)로 예열하세요.

4 소스 팬에 우유+밀가루+세이지+소금+후춧가루
를 넣어 손 거품기를 사용하여 잘 저은 후 중간 불에
서 계속 저으면서 끓여요. 여기에 치즈를 넣고 농도가
살짝 되직하게 될 때까지 젓다가 불을 끄세요.

5 버섯은 잘게 썰거나 슬라이스로 얇게 썰고, 베이컨
은 달군 팬에 구워서 기름을 제거하세요.

6 그라탱 베이킹 그릇의 안쪽에 버터를 바르고 ⑤의
버섯을 깐 후 파스타를 깔아요. 그 위에 ④를 뿌린 다
음 베이컨을 올리고 마지막으로 빵가루를 뿌려요.

7 그릇에 쿠킹포일을 씌워 예열한 오븐에 넣고
25~30분가량 구운 후 포일을 벗겨 빵가루가 노릇하
게 될 때까지 7분 정도 더 구워요.

그라탱gratin이란 빵가루나 치즈 가루 또는 달걀, 버터 등 여러 재료를 차례로 올려놓고 구워 내는 프랑스 요리로 지금은 미국 등 여러 나라에서 즐겨 만들어 먹는 음식이기도 해요. 평소 버섯을 싫어하던 큰아이가 완성된 그라탱을 먹어보고는 반응이 아주 좋았답니다. 느끼하지 않으면서도 부드럽고 고소한 버섯의 향이 제대로 느껴지는 음식이에요. 버섯을 크게 썰어 넣으면 보기에도 더 먹음직스럽고 버섯의 맛도 훨씬 더 많이 즐길 수 있답니다.

보고 싶은 아야코 I miss you

추억 하나

"혜경! 내일 치폿레에서 같이 점심 먹고 싶은데 시간 있어?(Do you have time to have for lunch at the Chipotle tomorrow?)" 어학원 단짝 친구 아야코에게서 걸려온 전화였다. '치폿레 Chipotle'는 아야코와 내가 점심을 먹으러 즐겨 가던 학교 옆에 있는 멕시칸 음식점이다.

그녀와 나는 치폿레의 부리토를 참 좋아했는데 며칠 전부터 나도 같은 생각을 하고 있었다. 그녀가 일본으로 돌아가기 전에 함께한 추억이 있는 그곳에서 한 번 더 식사를 하고 싶단 생각을 했지만 귀국 준비로 많이 바빠 보여 말을 못하고 있었는데, 아마 아야코도 나와 같은 생각을 하고 있었나 보다.

아야코를 만나러 가기 전에 감동 깊게 읽은 책, ≪마지막 약속(The Last Promise)≫을 그녀에게 사주고 싶어 반스 & 노블 Barns & Novels 서점에 들렀다. 아마도 이렇게 난 나의 흔적을 조금이라도 그녀에게 남겨주려 했는지 모르겠다. '치폿레'에서 함께 점심을 먹은 우리는 헤어짐에 대한 서운함 때문인지 예전과 같은 맛을 느끼지 못하면서 애써 속상한 내색을 하지 않은 채, 서로 웃으며 식사를 마치고 그곳을 나왔다. 끝까지 눈물을 보이지 않기로 다짐했지만 아야코를 집에 바래다주면서 결국 흘러내리는 눈물을 주체하지 못 하고 그녀와 나는 울고 말았다.

소중한 만남과 이별… 어차피 거쳐야 할 과정이지만 아야코 남편의 직장으로 인해 애초 계획보다 더 빨리 다가온 일본행은 아마도 준비되지 않은 헤어짐이기에 더 힘든 것이었는지도 모른다. 기억하는 것은 모두가 추억이 되고, 그 추억들은 하나하나 작지만 소중한 또 하나의 행복으로 내 맘에 자리 잡을 것이다.

마지막으로 아야코가 눈물을 글썽이며 내게 한 말이 아직도 귓가에 맴돈다.

"혜경은 내 인생에서 가장 소중한 친구야(You are my best friend than any other my Japanese friends in my life)." 난 이런 말을 들을 자격이 없는데, 아야코는 나에게 가장 큰 선물을 주고 떠났다.

아야코! 행복하게, 늘 웃음 잃지 말고 잘살기 바라….

추억 둘

아야코가 포트 콜린스에 다시 찾아왔다. 2006년에 포트 콜린스를 떠나 일본으로 돌아간 아야코는 그동안 두 번 휴가를 얻어 친구 같은 남편 히데와 함께 콜로라도를 찾아왔다. 그리고 이번이 세 번째 방문. 2007년 여름에 만났으니 거의 2년 만의 만남이었다. 1년 남짓 이곳 콜로라도 주에 있는 포트 콜린스에서 사는 동안 이곳을 그리도 좋아하더니….

그녀가 살고 있는 도쿄의 우중충한 하늘과 매일매일 여유 없는 일본에서의 바쁜 생활과는 상반된 포트 콜린스의 아름다운 하늘과 자연을 즐길 수 있는 생활이 늘 그립다고 했다. 그리고 어학원 시절 나와 나눈 즐거운

대화도 그립다며 콜로라도 주에 올 적마다 꼭 잊지 않고 포트 콜린스에 들러 나를 만나보고 가는 그녀가 참 많이도 고맙다. 나보다 열 살 어리지만 늘 상대방을 먼저 생각해주는 그녀는 배울 점이 많은 친구다.

아야코는 더 야위어 보였다. 안쓰러울 정도로…. 여전히 하루하루 열심히 살며 매일 아침 혼잡한 전철 속에 몸을 싣는다고 한다. 일이 힘들긴 하지만 원하는 직업을 찾은 것 같다며 활짝 웃는 그녀의 얼굴에서 행복이 엿보였다. 그녀의 원래 직업은 약사였는데 적성에 맞지 않아 일본으로 돌아간 후 다시 공부를 시작해 영문 의학 서적을 번역하는 일을 하고 있다. 비록 힘은 들지만 재미있다고 했다. 어학원에 함께 다닐 때도 열심히 수업에 임하던 모습이 아른거린다. 영어가 참 재미있다고 하면서 서로에게 용기와 자극을 주던 친구였는데….

아야코가 들려주는 이야기를 통해 그녀의 일본 생활을 상상해보았다. 새로운 용기와 자극도 받고, 현재 자신의 모습에 만족하며 행복해하는 아야코. 그녀가 너무 자랑스럽다. 그녀 또한 나의 삶을 통해 또 다른 새로운 자신을 발견하고 싶은 욕구를 얻는다고 했다. 다음에 만날 때엔 서로 또 어떤 모습으로 만나게 될지 벌써부터 설렌다. 몸은 가냘프지만 의지만큼은 어느 누구보다도 강한 아야코는 자신이 원하는 삶을 용기 있게 자신의 것으로 만들어간다.

반나절의 시간이 너무도 빨리 지나가 버렸다. 아쉬운 작별의 시간이다. 또다시 만남을 기약하면서 그렇게 아야코를 호텔 앞에 내려주었다. 차를 돌려 호텔을 빠져나오는 동안 내 차가 보이지 않을 때까지 우두커니 서서 나를 한참 동안 지켜보고 있던 아야코의 모습이 백미러를 통해 보였다. 마치 카메라로 담은 것처럼 그 모습은 오래도록 내 기억 속에 훈훈하게 남아 있을 것 같다. 그녀의 예쁜 마음이 너무 고마워서….

오래전 아야코와의 기억을 꺼내보니 여전히 보고 싶고, 가슴 한쪽이 시려온다. 미국에 와서 친구도 없던 내게 아야코는 참 좋은 벗이었다. 만나면 늘 즐겁고 가슴 따뜻한 친구였기에 오래도록 나의 마음속에 살아 있나 보다. 치폴레 치킨 부리토 레서피 page 114 >>

추억의

치폿레 치킨 부리토
Chipotle's Chicken Burritos

* 8개 분량

토르티야 8장·닭 가슴살 2쪽·양상추 200g·사워크림 8oz(224g)·식용유 약간

* **치킨 마리네이드**: 커민 가루 또는 칠리 파우더 1ts·신선한 오레가노 또는 마른 오레가노 1TS·마늘 3쪽·작은 붉은 양파 1/2개·식용유 1/8컵·소금 약간·후춧가루 1ts

* **배스마티라이스**: 배스마티라이스(안남미) 2/3컵·식용유 1ts·라임즙 1개 분량·신선한 실란트로(고수) 2ts·소금 1/4ts·물 1 1/3컵

* **콘살사**: 옥수수 (통조림) 1캔(11oz/312g)·토마토(작은 것) 1개·푸른 고추 약간·붉은 양파 20g·실란트로 20g·라임즙 1개 분량 [소금·후춧가루 약간씩]

* **레드 핫살사**: 마른 붉은 고추 5g·볶은 참깨 1TS·식초 1TS·정향(클로브) 가루 1/2ts·오레가노 가루 1ts·마늘 1쪽·물 5TS·올리브유 1ts

포트 콜린스는 가장 살기 좋은 미국의 10대 소도시가운데 하나로 뽑힌 곳이에요. 그리고 다양한 레스토랑이 아주 많은 곳으로도 유명하답니다. 그중에는 어학원 시절 단짝 친구인 아야코와 함께 자주 갔던 멕시칸 음식 부리토를 파는 '치폿레Chipotle'라는 유명한 프랜차이즈 레스토랑이 있어요. 실란트로(고수)의 독특한 향과 고추의 매운맛, 그 매운맛을 부드럽게 해주는 고소한 사워크림 때문인지 한번 먹고 나면 또 먹고 싶을 만큼 중독성이 강한 음식이에요. 한번은 미국에 살다가 한국으로 돌아간 분께서 제 블로그에 글을 남겼는데, 미국에서 즐겨먹던 치폿레의 부리토가 너무 먹고 싶다며 레서피를 올려 달라는 내용이었어요. 안타까운 마음에 인터넷을 통해서 '치폿레' 부리토의 레서피를 찾기 시작했어요. 그리고 많고 많은 레서피들 중에서 chipotlefan.com에 소개된 것이 가장 마음에 들어 주재료를 그대로 준비했지요. 그 외에도 다른 사이트의 레서피를 참고하여 만들어보았어요.

여러 가지 재료를 이용해 만들어야 하는 과정이 얼핏 보면 복잡한 듯하지만 준비하는 과정이 비교적 쉽고 오래 걸리지 않아요. 토르티야는 슈퍼마켓에서 파는 것을 사용했는데 토르티야를 찌면 부드럽고 쫄깃해져서 재료를 넣고 쌀 때에도 수월하고 맛도 더 있어요. 부리토 외에 옴폭한 그릇에 치폿레 라이스를 담고 그위에 재료를 올려놓고 먹는 치폿레 부리토 볼Burrito Bowl도 있답니다. 부리토 볼은 부리토보다 재료를 자유롭게 올려놓고 촉촉하게 먹을 수 있어서 좋아요. 조금만 수고하면 이젠 집에서도 맛있는 '치폿레'의부리토를 얼마든지 만들어 드실 수 있답니다.

 1 닭 가슴살 매리네이드 —매리네이드 재료를 모두 푸드 프로세서에 넣어 부드러운 상태가 될 때까지 돌리세요. 닭 가슴살은 주사위 모양으로 썬 뒤 매리네이드 소스를 바른 다음 잘 스며들도록 냉장고에 1~2시간 정도 보관하세요.

2 배스마티 라이스 밥 짓기 —낮은 온도로 달군 소스 팬에 식용유를 넣고 쌀과 라임즙을 넣어 1분 정도 볶은 후 물+소금을 넣어 강한 불에서 끓여요. 끓기 시작하면 뚜껑을 덮고 약한 불로 줄여 약 15~20분 정도 익힌 뒤 밥과 잘게 썬 실란트로를 살살 섞으세요.

3 콘 살사 —볼에 토마토, 푸른 고추, 붉은 양파, 실란트로 잘게 썬 것을 담고 나머지 콘 살사 재료를 넣어 고루 섞어요.

4 레드 핫 살사 —붉은 고추는 물에 불렸다가 씨를 빼놓아요. 레드 핫 살사 재료를 모두 푸드 프로세서에 넣고 곱게 갈아요. (기호에 따라 식초를 좀 더 넣어도 좋고, 마른 고추가 너무 매우면 조금 덜 넣어도 좋아요.)

5 팬을 중간 불로 달군 후 기름을 두르고 매리네이드한 닭 가슴살을 구워요.

6 스팀(중탕)으로 부드러워진 토르티야 위에 배스마티 라이스를 얇게 깔고 ⑤의 닭 가슴살+콘 살사+레드 핫 살사 약간+채 썬 양상추+사워크림을 얹은 뒤 토르티야로 잘 싸서 먹어요.

TIP !

칠리 파우더나 정향(클로브)가루는 온라인에서 구매하거나 남대문에서 손쉽게 구입할 수 있어요.

시금치 카레 볶음밥
Curried Spinach Rice

입맛이 없을 때 제가 손쉽게 즐겨 해 먹는 음식이 카레 볶음밥이에요. 카레 소스를 밥 위에 얹어서 먹는 일반적인 카레라이스와는 또 다른 맛을 즐길 수 있답니다. 가끔씩 한식이 싫증날 때면 음식점에 가지 않고도 집에서 외국 음식의 맛을 느낄 수 있는 레서피예요. 들어가는 재료도 간단하고 만들기도 쉽지요. 국내에서 시판하는 카레 파우더만 사용해도 맛있지만 수입산 카레 파우더를 함께 섞으면 보다 이국적인 카레 맛을 즐길 수 있어요. 그리고 안남미는 푸슬푸슬하다는 단점이 있지만 카레 요리에는 안남미로 밥을 짓는 게 더 맛있답니다.

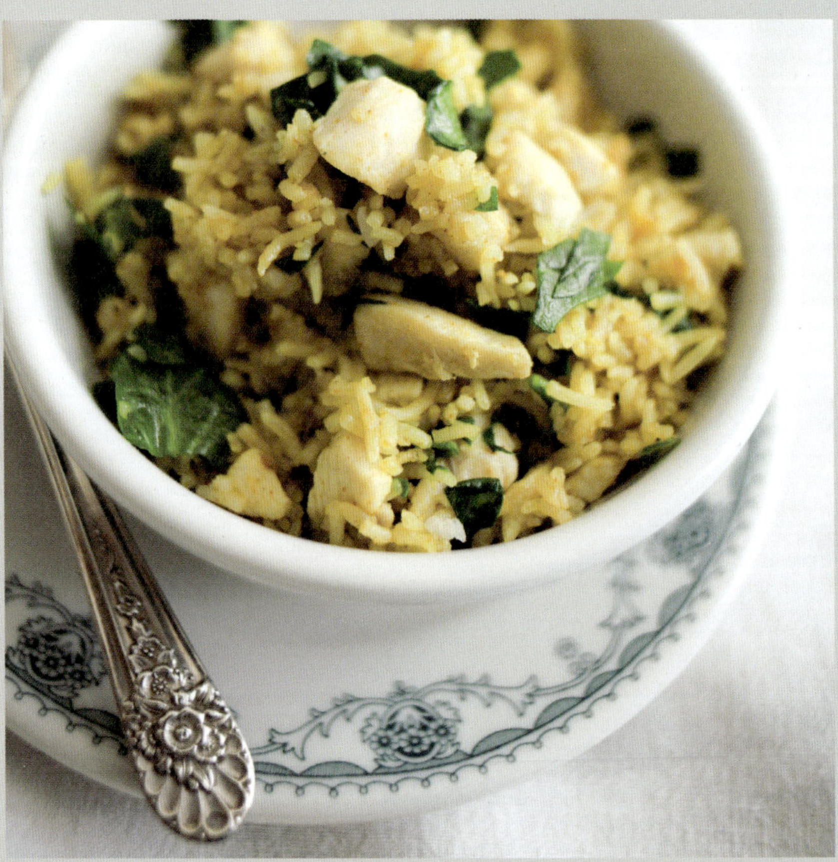

* 2인분
밥 두 공기(안남미) · 닭 가슴살 또는 돼지고기
280g · 시금치 80g · 카레 파우더 3TS
[식용유 · 소금 약간씩]

 1 안남미로 밥을 고슬하게 지어요.
　　　　　2 시금치는 작게 자르고 닭고기는
1.5cm 길이로 자르세요.
3 강한 불로 팬을 달군 후 식용유를 두르고 닭
고기를 볶아요.
4 불을 중간 불로 줄이고 닭고기 볶은 팬에 밥을
넣어 잘 섞은 뒤 카레 파우더를 넣고 기름을 좀
더 넣으면서 볶아요.
5 그리고 시금치를 넣어 재빨리 볶은 후 마지막
으로 간을 보아 싱거운 듯하면 소금을 조금 넣
으세요. (카레 파우더에 이미 간이 되어 있으므
로 소금을 넣을 때에 너무 많이 넣지 않도록 조
심하세요.)

TIP !

* 시금치 외에 양배추를 잘게 썰어 넣어 볶아도
맛이 있어요. 그리고 실란트로(고수)를 좋아하
는 분이라면 함께 넣어보세요. 카레와 잘 어울
린답니다.
* 카레 향신료를 좀 더 추가하면 더욱 이국적인
맛이 난답니다. 카레 향신료는 온라인으로도 구
입할 수 있어요.

소소한 나의 이야기

한곳에 뿌리를 내리고 살고 싶은
나의 바람과는 달리
늘 이곳저곳을 옮겨가며 살았더랬다….

그리고 임시로 머물던 나의 공간에는…
언제나 소소한 나의 이야기로 채워나가려고
애를 썼던 것 같다….

그때도….
지금도….

따뜻한 초대

Dinner

빈티지 느낌으로 테이블 세팅을…

나의 블로그에 다녀가시는 분들 중에 내게 푸드 스타일리스트냐고 물어보시는 분이 간혹 있다. 나는 전문적으로 공부한 적은 없지만 음식을 만들고 예쁘게 꾸미는 것을 좋아한다. 그뿐만 아니라 음식을 만들어놓고 그 음식과 어울리는 그릇에 담아내는 것 또한 음식의 맛만큼이나 중요하다고 생각한다. 입으로 먹는 것도 중요하지만 눈으로도 즐길 수 있으면 음식이 더욱 맛있어지기 때문이다.

내가 꾸미는 테이블은 화려하게 변신할 때도 있고, 소박하게 변신할 때도 있다. 그때그때 음식 종류에 따라서, 혹은 기분에 따라서 테이블 세팅이 바뀐다. 요즘은 포근하고 아기자기한 빈티지 느낌에 푹 빠져 있다. 음식을 담는 그릇은 되도록이면 음식이 더 돋보이도록 단순한 색상의 무늬가 많지 않은 그릇을 선호한다. 주로 흰색이나 크림빛 접시를 사용하는데 가끔씩 기분 전환을 하고 싶을 때면 연한 파스텔톤 색감의 그릇을 사용하기도 한다. 무늬가 복잡한 그릇을 쓰고 싶을 때는 단순한 모양과 색상의 큰 접시를 아래에 받쳐 사용하면 무난하다.

그리고 디테일한 부분에 조금만 신경을 쓰면 테이블이 사랑스럽게 변한다. 스푼 세트를 작은 리본으로 묶어서 개인 접시 위에 천으로 만든 냅킨과 함께 올려놓으면 밋밋하던 테이블이 훨씬 부드럽고 사랑스럽게 변한다. 냅킨 홀더로 쿠키 커터를 사용하기도 하는데, 쿠키 커터는 빈티지 느낌을 더 많이 느낄 수 있게 해주는 소품이다. 작은 변화를 준 것뿐인데 그 앞에 앉는 사람은 행복해 한다. 그리고 맛있는 음식을 기다리는 설렘도 그만큼 더 커지지 않을까? 그릇의 색상에 따라서 테이블클로스나 매트의 색상도 잘 선택해 매치하면 테이블 위가 더 세련되어 보일 것이다. 그리고 리본의 색상을 매트와 통일감을 주거나 보색의 색상을 사용하는 것도 좋은 방법이다.

평소에 나는 생화의 꽃잎을 잘 말려둔다. 집에서 기르는 꽃잎이 저절로 떨어지면 그 모습 그대로 말려둔다. 생화로 테이블을 장식해도 좋지만 구석구석 작은 부분에 말린 꽃잎을 장식하면 따뜻한 빈티지 느낌이 더 많이 난다. 빈티지 느낌을 즐길 수있는 또 다른 방법은 레이스를 이용하는 것이다. 흰색이나 크림빛 나는 레이스로 작은 부분을 장식하면 좋다. 스푼 받침은 앤티크 상점에서 구입한 뜨개질로 만든 컵받침을 대신 사용하는데, 포근한 느낌이 참 좋다. 크기가 작아서 뜨개질하는 시간도 오래 걸리지 않을 것 같다. 몇 개 만들어놓으면 아주 유용하게 사용할 수 있을 것이다.

마음이 화사해지고 싶은 날, 가끔은 사랑스러운 소녀처럼 변하고 싶은 날…, 예쁘게 꾸민 테이블에 앉아 맛있는 음식을 먹을 때 작은 행복을 느낀다…

 *새콤한*

발사믹 소스 흰 살 생선
Tilapia with Balsamic Vinaigrette

저녁 메뉴로 아주 빨리, 그리고 맛있게 해먹을 수 있는 요리가 뭐 없을까 궁리하던 차에 요리책에서 저의 시선을 사로잡은 레서피가 있었답니다. 들어가는 재료도 간단하고 아주 빨리 만들어 먹을 수 있다는 것이 마음에 들었어요. 30분도 안 돼 평범한 흰 살 생선이 새콤한 발사믹 머스터드 소스와 함께 멋진 한 접시 요리로 변신했지요. 생선을 좋아하지 않는 분들도 발사믹 소스 흰 살 생선을 먹어보면 생각이 달라지시지 않을까 해요. 그 비결은 바로 소스에 있답니다. 생선의 비린 맛도 없애주고 식욕도 돋워주는 소스예요. 하루 종일 기운이 없어서 침대 속에서 헤매던 날이었는데 맛있는 음식을 먹고 나니 갑자기 힘이 불끈불끈 솟더라고요. 생선 필렛은 생선의 뼈와 지방질을 제거하고 살코기만 손질해 놓은 것을 말해요. 구입하기 어려우면 가시가 있는 생선을 그대로 사용해도 괜찮아요. 흰 살 생선이면 어떤 것이든 만들 수 있답니다.

＊2인분
흰 살 생선 필렛(틸라피아·생선 전감·도미·민어 등) 2쪽 (485g)·마늘 2쪽 [녹말가루·올리브유·실파·허브(장식용)·베리 과일(딸기, 라즈베리, 오디 등)·소금·후춧가루 약간씩] **＊발사믹소스**：발사믹 식초 1/4컵·디종 머스터드 1 1/2TS·실파 약간

 1 소스─볼에 발사믹 식초+디종 머스터드+곱게 썬 실파를 함께 섞어요.

2 흰 살 생선에 소금과 후춧가루로 살짝 밑간한 후 다진 마늘을 생선의 한 면에만 묻히세요. 녹말가루를 생선 위에 입히고 팬에 올리브유를 두른 후 중간 불에서 생선을 약 10분 동안 앞뒤로 노릇노릇하게 지져요.
3 접시에 밥, 과일, 다 익은 생선을 담고 생선 위에 새콤달콤한 발사믹 머스터드 소스를 끼얹은 다음 다진 실파와 허브 잎을 생선 위에 올려 장식해요.

피스타초
오렌지 틸라피아
Pistachio Orange Tilapia

작은 행복을 느끼게 해준 아버지와 딸의 대화

몇해 전 있었던 가슴 따뜻해지는 기억을 떠올리면 아직도 나의 입가에 미소가 번진다. 오전에 경아를 아르바이트하는 곳에 데려다주고 오는 길에 텅텅 비어가는 냉장고를 채우기 위해 아주 오랜만에 샘스클럽 Sam's Club 에 들렀다. 경아의 아침으로 김밥을 만들어주면서 끄트머리 조금 먹고 시간이 없어 부랴부랴 나오는 바람에 아침도 거의 먹지 못한 터라 여기저기에 시식용으로 내놓은 음식들이 발걸음을 붙잡았다. 대부분의 시식용 음식이 인스턴트음식인데 한곳에선 할머니 두 분이 직접 요리를 하면서 레서피까지 가르쳐주고 계셨다. 피스타초와 오렌지, 시금치 그리고 흰 살 생선인 틸라피아 Tilapia, 작은 종이 접시에 올린 생선 요리와 사이드 요리인 베이컨 감자 치즈 구이 그리고 디저트로 치즈케이크까지…. 배가 많이 고팠던 터라 이보다 더 행복한 순간이 어디 있을까 싶었다. 어린아이가 원초적인 욕구가 충족되었을 때 느끼는 그런 만족감이랄까?

맛을 음미할 새도 없이 작은 접시가 금방 비워져 가는데 한 젊은 남자와 작은 꼬마 여자아이가 속삭이는 소리가 들려왔다. 아빠가 딸에게 하는 이야기였는데, '며칠 후면 돌아올 꼬마 아이 엄마의 생일날에 아빠가 엄마를 위해 이 생선 요리를 해주면 엄마가 좋아할까?' 이런 내용이었다. 꼬마 아이의 얼굴이 환해지면서 고개를 끄덕끄덕 하고 있었다. 너무나 예쁘고 사랑스러운 부녀의 대화, 그리고 사랑하는 아내를 기쁘게 해주기 위한 남편의 자상한 모습, 소소한 작은 일상에서 느껴지는 행복한 모습…. 아무 상관도 없는 내가 단지 그들 옆에 있다는 이유만으로도 충분히 행복했다. 조금은 여유로운 토요일에 맛있는 생선 요리도 먹고, 덤으로 행복한 기운까지 받았으니 이제 이 기분을 온전한 내 것으로 만드는 것은 나의 몫이다. 요리에 들어갈 재료를 주섬주섬 카트에 옮겨 담고 저녁에 모처럼 함께 앉아 아이들이 맛있게 먹어줄 행복한 얼굴을 상상하며 집으로 돌아왔다.

저녁에 만들어 먹은 생선 요리는 대성공이었다. 엄마가 늘 바빠서 잘해주지도 못했는데, 경아도 지헌이도 모처럼 맛있게 접시를 싹싹 비우는 모습을 보니 입가에 저절로 미소가 지어졌다.

피스타초 오렌지 틸라피아 레서피 page 130 >>

고소한

피스타초 오렌지 틸라피아
Pistachio Orange Tilapia

역돔이라 부르는 민물고기 틸라피아 Tilapia 는 값도 저렴하고 육질이 쫄깃쫄깃해 평소 즐겨 먹는 생선이에요. 고소한 피스타초와 향긋한 오렌지가 서로 잘 어울리는 음식이랍니다.

* 2인분
흰 살 생선 필렛(틸라피아·대구·민어 등) 2쪽 (485g) · 피스타초 40g · 오렌지 2개 · 시금치 60g · 다진 로즈메리 1ts · 마늘 2쪽 [올리브유· 녹말가루·레몬·소금·후춧가루 약간씩]

1 로즈메리를 잘게 다지고, 피스타초는 굵게, 오렌지 1개는 슬라이스로 얇게 썰어요. 다른 오렌지 1개는 즙을 내요.

2 흰 살 생선에 레몬즙을 뿌리고 소금, 후춧가루를 뿌린 후 다진 마늘을 앞뒤로 묻혀 30분간 재워놓아요.

3 ②의 생선 앞뒤에 녹말가루를 고루 묻힌 후 팬에 기름을 두르고 중간 불에서 팬을 달궈 생선을 앞뒤로 노릇하게 익힌 다음 접시에 담아놓아요.

4 ③의 팬에 로즈메리와 피스타초를 넣고 오렌지즙을 넣어 중간 불로 1분 정도 더 익힌 뒤 생선을 다시 팬에 넣고 오렌지와 시금치를 넣어 살짝 익히고 나서 불을 꺼요.

5 접시에 생선을 담고 그 위에 피스타초와 오렌지를 얹고 한쪽에 시금치를 올린 후 팬에 남은 즙을 생선 위에 살짝 끼얹어주어요.

4

실란트로 마늘 흰 살 생선
Tilapia With Garlic And Cilantro

실란트로와 마늘, 새콤한 레몬즙 그리고 흰 살 생
선과의 조합은 먹을 때마다 늘 감탄사를 유발하
게 한답니다. 생선의 비릿한 냄새를 모두 없애주
거든요.
생선보다 육류를 더 좋아하는 아이들도 맛있게
먹는 생선 요리예요. 간단한 재료로 쉽고 빠르게
만들 수 있는 음식이랍니다.

* 2인분
도톰한 흰 살 생선 필렛(틸라피아·대구·민어 등) 2쪽,
(485g) · 레몬즙 1TS+1/2ts · 올리브유 1ts · 버터 1TS ·
다진 마늘 3TS · 실란트로 두 줌 [올리브유 적당량·밀
가루·소금·후춧가루 약간씩]

 **1** 생선에 레몬즙 1TS를 뿌리고 소
금과 후춧가루를 뿌려 밑간한 다음
30분 정도 재워두세요.

2 팬을 중간 불에서 달군 후 버터와 다진 마늘
을 넣어 마늘이 갈색이 될 때까지 익힌 후 작은
그릇에 담아놓아요.

3 실란트로는 씻고, ①의 생선에 밀가루 옷을
고루 입혀요.

4 다른 팬을 중간 불로 달군 후 기름을 넣고 잠
시 기다렸다 ③의생선을 넣어 앞뒤로 각각 3~5
분씩 노릇노릇하게 익혀요.

5 생선을 접시에 담고 생선을 익힌 팬에 볶은
마늘과 실란트로를 넣어 살짝 익힌 후 레몬즙
1/2ts을 뿌려요. 생선 위에 마늘과 실란트로를
얹어 마무리하세요.

1

이국적인 달콤한 맛

베트남 캐러멜 소스 생선
Vietnamese Caramel Fish

달콤하고도 이국적인 음식이 먹고 싶은 날엔 베트남식 캐러멜 소스 생선 요리를 만들어보세요. 베트남 요리에 자주 사용하는 피시소스를 넣은 달달한 캐러멜 소스의 맛이 부드러운 흰 살 생선과 어우러져 더욱 맛나고 멋스러운 한 끼 식사가 된답니다. 안남미라 불리는 태국 쌀로 밥을 해서 함께 먹으면 더욱 이국적인 맛을 즐길 수 있어요.

* 2인분
도톰한 흰 살 생선 필렛(틸라피아·생선 전감·도미·만어 등) 800g · 양파 1개 · 마늘 3쪽 · 그린 빈 160g · 레몬 1개 [식용유 적당량 · 후춧가루 · 소금 약간씩] * **캐러멜소스:** 황설탕 100g · 피시소스 1/4컵 · 물 3/4컵

1 캐러멜 소스 − 설탕+피시소스+물을 섞어 캐러멜 소스를 만들어요.
2 그린 빈은 깨끗이 씻어놓고, 양파는 가늘게 채 썰어요. 마늘은 얇게 저미고 생선은 6cm 크기로 썰어 후추를 뿌려 놓아요.
3 달군 팬에 식용유를 두르고 마늘을 볶다가 그린 빈을 넣어 부드러워질 때까지 20분 정도 약한 불에서 익힌(중간에 물을 조금 넣어가며 익혀요.)다음 소금으로 살짝 간을 맞춰요.
4 다른 팬에 흰 살 생선을 앞뒤로 노릇노릇 익힌 후 접시에 담아두어요.
5 또 다른 팬에 식용유를 두르고 약한 불에서 채 썬 양파를 익히다가 캐러멜 소스를 조금씩 부어 졸여가며 익혀요. 여기에 흰 살 생선을 넣고 센 불로 높여 수저로 소스를 끼얹어가며 간이 골고루 스며들게 조려가며 좀 더 익혀요.
6 그릇에 밥을 담고 그 위에 ⑤의 생선과 ③의 그린 빈을 얹은 다음 레몬즙을 뿌리고 캐러멜 소스도 살짝 끼얹으세요.

고소한 호두가 씹히는

호이신 소스 물냉이 닭볶음
Watercress & Chicken Stir-Fry

물냉이 watercress가 허약 체질과 통증 치료에 좋다는 기사를 읽고 난 후부터 음식에 물냉이를 종종 넣어 먹곤 하는데 우연히 인터넷에서 맛있어 보이는 레서피를 찾았답니다. 바로 호이신 소스 물냉이 닭볶음이에요. 호이신 소스와 어우러진 닭 가슴살과 양파, 피망, 피칸 그리고 물냉이가 함께 씹혀 맛이 아주 좋답니다. 그리고 안남미로 밥을 해서 함께 먹으면 더 맛이 좋아요. 30분 안에 완성할 수 있어서 바쁜 시간에 만들어 먹기 참 좋은 음식이랍니다.

1 호이신 소스—작은 볼에 소스 재료를 모두 섞어요.

2 붉은 양파와 붉은 피망을 굵직하게 썰고, 물냉이는 씻어 건져요. 닭 가슴살은 1cm 두께로 길게 썰어놓아요.

3 팬에 식용유를 두르고 중간보다 센 불에서 달군 후 닭 가슴살을 넣어 1분 동안 익혀요. 여기에 양파, 피망, 피칸을 넣어 3~4분

동안 닭 가슴살을 좀 더 익혀요.

4 닭고기가 익은 후 팬이 타지 않게 물을 조금 넣고, 바로 호이신 소스를 적당히 넣은 후 잘 섞어요.

5 불을 끄고 먹기 직전에 물냉이를 넣어 살짝 섞어주세요.

6 그릇에 밥을 담고 그 위에 ⑤의 볶은 재료를 얹어드세요.

*2인분
닭 가슴살 2쪽(440g) · 붉은 양파 1개 ·
붉은 피망 1개 · 물냉이 70g · 피칸 80g
· 식용유 약간
* **호이신 소스** : 호이신 소스(해선장)
3TS · 간장 1TS+1ts · 간 마늘 2쪽 분량
· 다진 생강 1/4ts · 참기름 1ts · 식초 또
는 레드 와인 식초 2TS

카레 요구르트 치킨
Curried Yogurt Chicken

사과 향이 향긋한

미각을 자극하는 카레 향신료는 제가 가장 좋아하는 스파이시한 향신료랍니다. 카레 요구르트 치킨 레서피는 오래전에 한 잡지에서 보고 만들어본 음식인데 정통 카레 향신료를 사용하면 더 이국적인 맛을 경험할 수 있어요. 카레 향신료는 온라인상에서도 구입 가능하고, 오프라인에서는 아마도 수입 상품 파는 곳에서 구입할 수 있을 거예요. 단맛이 나는 붉은 양파와 사과가 카레의 스파이시한 맛을 부드럽게 만들어준답니다. 손님 초대 음식으로도 아주 훌륭한 레서피예요. 조리 시간은 30분! 짧은 시간에 맛있는 요리로 둔갑한 닭가슴살이랍니다.

1 적당한 크기로 썬 닭 가슴살에 소금과 후추를 살짝 뿌려요.

2 카레 향신료 2ts+토마토케첩 2TS+물 1/4컵을 섞은 후 닭가슴살에 골고루 뿌리고 한쪽에 놓아두세요.

3 양파는 길게 채 썰고, 사과는 깍둑썰기 해 놓으세요.

4 넓은 팬에 기름을 두르고 중간 불에서 닭 가슴살을 앞뒤로 고루 익도록 뚜껑을 덮고 익힌 다음 양파와 사과를 넣고 한 번 더 끓여요. 닭가슴살만 건져낸 다음 접시에 담아 식지 않도록 덮어놓으세요.

5 소스-소스 재료를 모두 섞어 ④의 팬에 붓고 살짝 끓이세요.

6 그릇에 밥을 담고 그 위에 닭가슴살과 ⑤의 소스를 듬뿍 끼얹어요.

* 2인분
흰밥 2공기 · 닭 가슴살(1cm 두께) 2쪽 · 사과 1개 · 붉은 양파 1/2개 ·
토마토케첩 2TS · 카레 향신료 2ts · 물 1/4컵 · 소금·후춧가루 약간씩
* **소스**: 플레인 요구르트 1/4컵 · 토마토케첩 2TS · 카레 향신료 2ts · 물 1/4컵

자연을 사랑하게 된 곳

미국 콜로라도 주의 작은 도시,
포트 콜린스에는
유난히 많은 크고 작은 호수가
주택가 가까이에 있다.
낙엽이 떨어져도 아무 느낌도 없이
무덤덤하게만 살아왔던 나는
자연을 쉽게 접할 수 있는 이곳에서
감사하게도
비로소 …
자연을 진심으로 사랑하며 살고 있다.

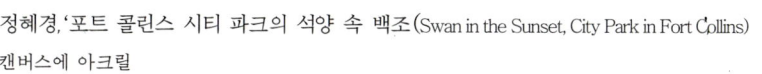

정혜경, '포트 콜린스 시티 파크의 석양 속 백조(Swan in the Sunset, City Park in Fort Collins)
캔버스에 아크릴

포트 콜린스의 시티 파크 호수(City Park Lake in Fort Collins)

'교감', 시티 파크를 찾는 사람들의 손에는 오리와 거위들이 좋아하는 식빵 봉지가 들려 있는 것을 심심찮게 볼 수 있다

향긋하고 고소한

블루베리 세이지 치킨
Chicken With Blueberry Sauce

평소 너무 비싸서 자주 사 먹지 못하는 블루베리에 세일 표시가 붙어 있으면 그렇게 좋
을 수가 없답니다. 마침 세일하던 블루베리 큰 팩 하나를 사다 놓고는 블루베리 파이
며, 블루베리 샐러드를 만들었지요. 그리고 고기와 함께 요리하면 어떨까, 하는 생각에
블루베리와 닭고기가 잘 어울릴 것 같아 만들어보았어요. 집에서 기르던 세이지도 몇
잎 따서 블루베리 소스를 만들 때 넣어보았더니 은은한 향이 좋더라고요. 제가 상상한
것처럼 아주 맛있고 특별한 한 그릇이 만들어졌어요. 지헌이의 점심으로 만들어주었
더니 맛있게 먹고 학교에 갔답니다. 사실 큰아이는 블루베리를 좋아하지 않아요. 그래
서 제가 일부러 음식에 넣어 만들어주었는데 역시 블루베리는 골라내고 먹더군요. 그
맛있는 블루베리를 말이에요. 그래도 닭고기가 아주 맛있다고 하니 절반은 성공한 셈
인가요? 경아가 있었다면 행복해 하면서 먹었을 텐데…. 맛있는 음식을 만들 때면 특
히 집을 떠나 있는 경아가 많이 생각난답니다.

닭고기 요리는 특히 과일 소스와 곁들이는 것이 아주 잘 어울리더라고요. 손님 초대 요
리로도 아주 훌륭해요. 다만 먹을 때는 블루베리 즙이 입안에서 너무 많이 퍼지지 않
도록 조심해서 드세요. 안 그러면 입안이 온통 보라색으로 물들어 버린답니다. 큰아이
와 저는 서로 쳐다보면서 어찌나 웃었던지요. 맛있다고 허겁지겁 먹던 저의 입이 정말
엉망진창이 되었답니다.

*2인분
닭 가슴살 560g · 블루베리 1 1/2~2컵 · 꿀 2ts · 레드 와인 식초 2TS · 닭 육수 1컵 ·
밀가루 1/4ts · 신선한 세이지 잎 10장 [올리브유 적당량 · 소금 · 후춧가루 약간씩]

1 두께가 2cm 정도 되는 닭 가슴살에 소금과 후춧가루로 살짝 밑
간한 후 밀가루를 앞뒤로 묻혀 살살 털어요.

2 팬을 중간 불로 달궈 올리브유를 넉넉히 두르고 1분 후에 닭 가슴살을 올리
세요. 5~7분 정도 구운 후 뒤집어서 5분 정도 더 구워요. 이때 불을 조금 낮춰
1분 정도 굽다가 뚜껑을 덮은 상태로 구우세요. 닭 가슴살의 두께에 따라 구
워지는 시간이 달라질 수 있으니 잘 익었는지 확인해가며 구워야 해요. 닭 가
슴살의 앞뒷면이 노릇노릇하고 바삭하게 구워져야 맛있답니다. 구운 닭고기
는 그릇에 담아놓으세요.

3 블루베리 소스―다른 팬에 닭 육수 1컵을 부어 센 불에서 끓기 시작하면 중
간 불로 낮추고 세이지 잎을 넣어 1분 정도 더 끓여요. 여기에 블루베리를 넣
어 4분 정도 끓여 살짝 졸인 뒤 꿀과 레드 와인 식초를 넣고 소금으로 간을 맞
추세요. 마지막으로 밀가루 넣고 멍울이 지지 않게 잘 풀어요.

4 ②의 구운 닭 가슴살 위에 ③의 소스를 끼얹어 드세요.

TIP !

닭 가슴살을 구울 때는 처음 앞면을 굽기 시작해서 닭고기 살의 아래 절반 정
도가 하얗게 익는 그때 순간이 뒤집기에 딱 적당한 타이밍이에요.

1

2

3

 달콤한 **파인애플
머스터드 소스 치킨**
Pineapple Mustard Chicken

인터넷에서 찾은 레서피를 조금 변형해서 만들어본 파인애플 머스터드 소스 치킨은 바질향과 머스터드 그리고 파인애플의 상큼한 맛이 닭고기와 아주 잘 어우러지는 요리랍니다. 꿀과 파인애플 주스에서 느껴지는 달콤한 맛 덕에 아이들도 참 좋아한답니다.

* 레서피 출처 : www.ifood.tv

* 4인분
닭 가슴살 (1.5cm 두께) 4쪽·파인애플 슬라이스 4~8개·디종 머스터드 1/3컵·파인애플 주스 1/3컵·꿀 1/3컵·마늘 3쪽·신선한 바질 잎 혹은 마른 잎 1TS

1

1 소스─디종 머스터드+파인애플 주스+꿀+다진 마늘+바질을 섞어 소스를 만드세요.

2 닭 가슴살을 ①의 소스에 묻힌 후 1시간 정도 재워요.

3 중간 불로 달군 팬에 ②의 닭 가슴살을 올리고 소스를 부어 앞뒤로 각각 4~5분 정도 소스를 조금씩 끼얹어가며 익혀요. 한 면이 익으면 뒤집어서 익히다가 파인애플 링을 넣어 함께 익히세요.

4 익은 닭 가슴살과 파인애플을 그릇에 담고 팬에 남은 소스를 데운 후 닭가슴살 위에 끼얹어요.

TIP !

단맛을 좋아하지 않는 분은 꿀의 양을 적게 넣어 주세요.

파슬리 레몬 포크찹 스테이크
Parsley Lemon Pork Chops

돼지고기 하면 우리나라의 삼겹살만큼 맛있는 음식도 없을 거예요. 그만큼 삼겹살이 주는 행복은 대단해요. 사진 클래스의 칼Karl 선생님도 뉴욕에서 먹어본 삼겹살의 맛을 잊을 수 없다고 이야기하곤 하셨죠. 제가 살고 있는 포트 콜린스에도 한국 음식 식자재를 파는 곳이 있긴 하지만 아주 작은 상점이랍니다. 차로 1시간 조금 넘게 운전하고 가면 큰 도시 덴버가 나오는데, 그곳에 가면 무엇이든지 다 구입할 수 있는 정말 큰 한국 상점이 있지요. 물론 삼겹살도 구입할 수 있고요.

하지만 고속도로에서 오래 운전하는 것을 별로 좋아하지 않는 저는 주로 포트 콜린스의 작은 상점에서 장을 봐왔어요. 필요한 것을 주문하면 갖다 놓지만 제가 부지런하지 못해 그런지 그것도 잘 안 되더라고요. 자연히 '삼겹살은 한국에 가면 사 먹어야지' 하며 상상만 하곤 했답니다.

파슬리 레몬 포크찹 스테이크는 삼겹살과는 다르지만 그래도 돼지고기로 맛있게 해 먹을수 있는 레서피예요. 삼겹살 대신 돼지고기를 즐겨 먹을 수 있게 해준 고마운 레서피랍니다. 마늘을 함께 넣어 조리해서 그런지 한국 사람의 입맛에 아주 잘 맞지요. 돼지고기로도 이렇게 맛있고 근사한 스테이크를 만들어 먹을 수 있답니다. 손님 초대 음식으로도 아주 훌륭하지요. 레드 와인과 레몬의 상큼한 향 그리고 파슬리 향이 어우러져 돼지고기 냄새 없이 식욕을 돋워준답니다. 그리고 딸기와 함께 먹으면 씹을 때 돼지고기의 맛이 훨씬 부드럽게 느껴져요.

 **1** 돼지고기에 간이 잘 배도록 포크로 여러 군데 찔러놓아요. 레드 와인을 돼지고기 위에 적당히 끼얹은 후 레몬즙, 소금, 후춧가루를 뿌리고 다진 마늘을 돼지고기 위에 골고루 발라 1시간 정도 재워두세요.

2 파슬리는 잘게 다지고, 레몬은 깨끗이 씻어 필러로 얇게 껍질을 벗긴 후 잘게 다져요.

3 팬을 중간 불로 달군 후 올리브유를 넉넉히 두르고 ①의 돼지고기를 3분 정도 표면이 바삭해지도록 구우세요. 3분 후에 뒤집어 물을 1/2컵 정도 부은 후 소금으로 약하게 간을 맞추고 뚜껑을 덮어 5~10분 정도 완전히 익을 때까지 구워요.

4 넓은 그릇에 돼지고기를 담고 파슬리와 레몬 껍질을 얹은 후 구울 때 생긴 고소한 즙을 위에 끼얹으세요. 그릇 한쪽에 딸기를 적당히 담아 함께 먹으면 더 맛있답니다.

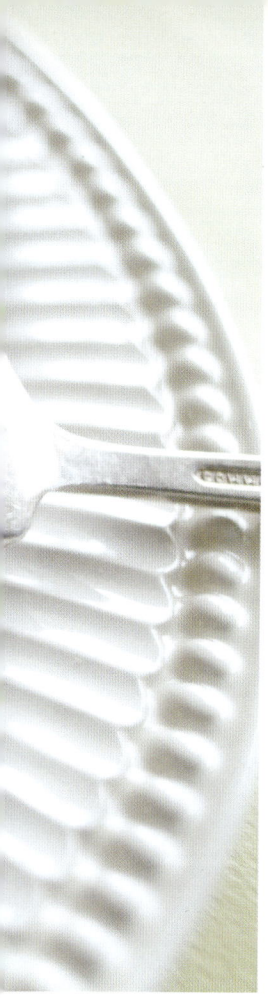

돼지 갈비살 (1.5~2cm 두께) 260g짜리 4덩이 · 잘게 썬 파슬리 2TS ·
다진 레몬 (껍질 부분) 2TS · 마늘 2~3쪽 · 물 1/2컵
[딸기 · 레드 와인 · 올리브유 적당량씩, 레몬 · 소금 · 후춧가루 약간씩]

떨어진 기억에 좋은

물냉이 오렌지 비프스테이크
Watercress Orange Beef Stake

2006년 봄이었어요. 고기를 좋아하는 아이들을 위해 맛있는 스테이크 레서피를 찾다가 《푸드 에브리데이(Food everyday)》지에 실린 레서피를 보고 만들어본 음식이랍니다. 아이들이 너무 좋아해서 지금까지 즐겨 만들어 먹는 음식이에요. 손님 초대 음식으로도 아주 훌륭하고요. 오렌지 호두 비프스테이크는 쇠고기와 물냉이 watercress, 오렌지, 호두가 모두 아주 훌륭하게 서로 잘 어우러지는 것이 특징이지요.

물냉이는 비타민의 제왕이라고도 불릴 만큼 비타민 A·C·D를 풍부하게 함유한 영양가 높은 채소로 약간 쌉쌀한 맛이 난답니다. 허약 체질에도 좋고 쇠고기를 먹고 체했을 때 먹으면 효과가 있다고 해요. 물냉이 대신 시금치에 무즙을 살짝 버무려 만들어도 돼요.

겨울방학을 맞아 집 떠나 있던 경아가 학기말을 마무리하느라 며칠 동안 잠을 못 자 피곤한 얼굴로 집에 돌아왔는데, 문을 열고 들어오자마자 제게 한 소리가 "엄마, 무엇이든 제가 먹을 수 있게만 해주세요"라는 말이었어요. 그날부터 저는 아이에게 맛있는 음식을 해주느라 바빴지요. 오렌지 호두 비프스테이크도 그중 하나였답니다. 지쳐 있는 아이에게 물냉이가 도움이 되었으면 좋겠다는 생각으로 만들었죠. 맛있게 먹어주는 경아의 모습을 보면서 전 오늘도 행복을 느낀답니다. * 레서피 출처 : 매거진 《 Food everyday 》

*4인분
쇠고기안심(2cm 두께) 600g · 오렌지 2~3개 · 물냉이(혹은 시금치+무즙 약간) 50g · 잘게 썬 호두 20g *소스 : 레드 와인 식초 4TS · 디종 머스터드 2TS · 올리브유 2TS [소금·후춧가루 약간씩]

 **1** 소스 – 작은 용기에 소스 재료를 모두 넣어 고루 섞은 후 소금과 후춧가루를 조금 넣어요.

2 쇠고기에 포크로 군데군데 살짝 구멍을 내고 만들어놓은 소스를 브러시로 앞뒤로 발라 30분 정도 재워두세요.

3 고기를 재우는 동안 호두는 다지고, 오렌지는 깎아서 먹기 좋게 잘라놓아요. 물냉이도 씻어서 물기를 빼두세요.

4 팬에 올리브유를 두르고 중간 불에서 팬을 충분히 달군 후 고기를 올려놓아요. 뚜껑 없이 앞면을 5분 동안 구운 다음 뒤집어서 3~5분 동안 구우세요. 구운 스테이크를 접시에 옮겨놓고 남아 있는 소스를 고기 구운 팬에서 다시 졸이세요.

5 스테이크를 담은 접시 한쪽에 ③의 오렌지를 담고 스테이크 위에 ④의 졸인 소스를 살짝 끼얹어요. 여기에 물냉이를 올리고 다진 호두를 솔솔 뿌리세요.

1

추수감사절의
따뜻한 추억 만들기

미국에는 1년 중 가장 큰 명절이 두 번 있는데, 바로 추수감사절과 크리스마스예요. 이날에는 온 가족이 모여 커다란 칠면조를 오븐에 넣고 구워 먹는답니다. 매년 11월 네 번째 목요일이 추수감사절인데, 우리나라의 추석과 비슷한 날이에요. 그동안 흩어졌던 가족이 모두 모여서 큰 칠면조를 굽고, 추수감사절 즈음에 많이 수확하는 크랜베리로 만든 소스를 함께 곁들여 먹는 날이기도 해요. 몇 해 전부터 저도 제일 작은 크기(12파운드)의 칠면조를 구워 아이들과 함께 추수감사절을 보내고 있답니다.

우리나라 삼계탕에는 닭 속에 찹쌀을 넣어 먹잖아요. 미국에서는 칠면조 속에 말린 빵과 여러 가지 채소, 허브를 섞어서 만든 스터핑 stuffing을 넣어요. 하루 전날 디저트로 펌프킨 치즈 케이크를 굽고 추수감사절날 아침 일찍 일어나 칠면조를 손질하고 오븐에 넣어 4시간 정도 구우면 푸짐하고 맛있는 터키 구이가 완성된답니다. 큰아이 지헌이와 오랜만에 집에 온 둘째 경아까지 모두 모여 시간을 보낼 수 있어서 좋았지요.

터키 구이와 사이드 음식 몇 가지만 준비한 간소하게 차린 음식이지만 행복하다며 맛있게 먹어주는 아이들을 보면서 흐뭇했답니다. 사실 컴퓨터를 장시간 사용한 부작용으로 손목터널증후군에 걸려 손목이 너무 아파 음식을 준비하는 과정이 참 힘들었어요. 그런데 맛있게 먹는 아이들 모습을 보니 아픈 것도 다 잊어버리게 되더라고요. 아이들의 기억 속에 엄마와 함께한 소중한 시간이 늘 따뜻한 추억으로 오래오래 남았으면 좋겠습니다. 멀리 있어 제가 몇 해째 찾아뵙지 못하고 있는 부모님을 늘 따뜻한 마음으로 기억하듯이요.

제가 준비한 추수감사절 음식은 메인 요리인 로즈메리 레몬 터키 구이와 어니언 바질 그린빈, 허브 매시트포테이토 그리고 펌프킨 치즈 케이크랍니다.

크랜베리 소스 레서피 page 160 >>
펌프킨 치즈케이크 레서피 page 230 >>

로즈메리 레몬 터키구이
Roasted Turkey with Rosemary Lemon

* **속 재료(stuffing)**: 작게 깍둑 썬 말린 빵 170g
· 허브(로즈메리, 타임, 바질 등) 한 줌 · 잘게 썬
양파 1개 · 잘게 썬 셀러리 4대 · 버터 1TS ·
물 1 1/4컵 [소금·후춧가루·올리브유 약간씩]
* **터키 구이**: 냉동 칠면조(15oz) 1마리 · 바질
2ts · 타임 2ts · 후춧가루 1ts · 레몬 2개 · 신선
한 로즈메리 잎 2TS · 올리브유 적당량
· 소금·후춧가루 약간씩 · 감자 1개 · 당근 1/2개
· 셀러리 1대

1 냉동 칠면조 고기를 하루 전날
에 실온에서 종일 해동한 뒤 물
에 씻어 물기를 제거해놓아요.

2 바질과 타임을 칠면조의 껍질에 골고루 손
으로 문지른 후 소금과 후춧가루를 뿌려 1시
간 동안 허브 향이 배도록 두세요.

3 로즈메리는 잘게 썰고, 레몬은 껍질을 벗
겨 채 썰어요. 중간 불로 달군 팬에 올리브유
를 넉넉히 붓고 로즈메리와 레몬 껍질을 넣
어 올리브유에 로즈메리와 레몬 향이 배도
록 은근히 천천히 볶으세요. 로즈메리와 레
몬 껍질을 걸러낸 다음 향이 좋은 올리브유
만 남겨두세요.

4 **속 재료**─바질, 타임, 로즈메리 등의 허브
를 잘게 자르세요. 팬에 올리브유를 약간 두
르고 양파와 셀러리를 넣어 부드러워질 때까
지 볶은 후 거의 다 볶아지면 소금, 후춧가루,
허브를 넣어 살짝 익혀요.

5 소스 팬에 물을 붓고 끓으면 말린 빵을 넣
고 버터를 넣어 녹이면서 잘 섞어요.

6 오븐을 180℃ (350℉)로 예열하세요. 칠면
조 속에 ④, ⑤를 너무 꽉 채우지 말고 느슨하
게 넣으세요. 속 재료를 너무 일찍 넣으면 고
기 속에서 세균이 번식할 위험이 있으니 구이
를 하기 직전에 넣어야 해요.

7 ③의 올리브유에 녹인 버터를 넣어 섞은 뒤
브러시로 칠면조 전체를 골고루 브러싱하세
요. 속 재료를 넣은 입구에는 굵직하게 썬 감
자와 당근, 셀러리를 넣어 입구를 막고, 마지
막으로 실로 다리와 몸통을 묶어요.

8 물 1~2컵을 베이킹 팬에 붓고, 고기는 쿠
킹포일로 씌운 다음 베이킹 팬과 함께 예열한
오븐에 넣어 3시간 30분 정도 구워요. 포일을
벗기고 15분마다 육즙을 고기 위에 끼얹으면
서 포일을 벗긴 채로 30분~1시간 정도 더 구
우세요. 칠면조 가슴살에 온도계를 꽂아보아
71~74℃ (160~165℉)가 되면 잘 구워진 거랍
니다. 온도가 너무 높아질 때까지 구우면 살
이 퍽퍽해지니 주의하시고, 크기와 무게에 따
라서 굽는 시간이 달라지므로 익는 정도를 살
피면서 구우세요.

TIP ! 닭고기로 구워보세요!

닭고기(2 1/2~3파운드)를 이용해 구울 경우
190℃(375℉)에서 1시간 30분~2시간 동안 구
우세요. 역시 온도계를 꽂아 80℃(175℉)가
될 때까지 구워요. 그리고 마지막 10~15분 동
안 포일을 벗겨서 230℃(450℉)로 구우면 바
삭하게 구워져요.

바질 어니언 그린빈
Basil Green Beans

그린빈 3컵 · 올리브유 1TS · 무염 버터 1TS · 마늘 2쪽 · 양파 1/4개 · 소금 약간 · 마른 바질 1ts · 설탕 1/2ts · 후춧가루 1/8ts · 물 1/4컵

 1 그린빈은 길이를 반으로 자르고, 마늘은 얇게 슬라이스해요. 양파는 잘게 썰어요.

2 팬에 올리브유를 두르고 버터를 넣은 다음 마늘을 중간 불에 볶다가 노릇해지면 꺼내요.

3 ②에 양파를 넣고 부드러워질 때까지 볶은 다음 그린빈+바질+설탕+후춧가루+소금+물을 넣어 뚜껑을 덮은 다음 중간 불에서 약 20분 정도 더 익히세요.

허브 매시트포테이토
Herb Mashed Potato

감자(중간 크기) 6개 · 버터 6TS · 우유 1컵 · 마른 파슬리 1ts · 마른 바질 1/2ts [소금 · 후춧가루 약간씩]

 1 껍질을 벗긴 감자를 적당한 크기로 잘라 푹 익을 때까지 30분 동안 찌세요.

2 큰 믹싱 볼에 찐 감자+잘게 썬 버터를 넣고 포크로 으깬 다음 우유+파슬리+바질을 넣고 잘 섞은 후 소금과 후춧가루로 간을 맞춰요.

 **크랜베리 소스** Cranberry Sauce

크랜베리 소스는 미국에서 추수감사절과 크리스마스에 칠면조를 구워 먹을 때 함께 먹는 붉은색 소스랍니다. 크랜베리의 상큼한 맛과 향이 칠면조 특유의 맛을 없앨 뿐만 아니라 맛이 산뜻해서 칠면조는 물론 닭고기를 튀겨 먹을 때도 함께 먹으면 맛있어요. 미국에 와서 칠면조 구이와 크랜베리 소스를 함께 먹기까지는 시간이 좀 걸렸어요. 고기 요리와 과일 잼 같은 소스를 함께 먹는다는 것이 당시 제게는 영 이상한 조합 같았거든요. 아마도 제게 고

기 요리는 꼭 그레비 소스여야 한다는 고정관념이 있었던 것 같아요. 지금은 크랜베리 소스 없이 칠면조 구이를 먹는다는 건 생각도 못 할 정도로 제가 아주 좋아하는 과일 소스랍니다. 저는 크랜베리 소스를 만들어놓고 잼 대신 토스트에도 발라 먹어요. 집에서 만들기 때문에 설탕도 덜 넣을 수 있어 좋고, 무엇보다 일반 잼에서는 맛볼 수 없는 새콤한 맛이 매력적인 소스랍니다.

크랜베리 170g · 오렌지 주스 1/4컵 ·
계핏가루 1/4ts · 설탕 150g · 물 1/2컵 · 소금 약간

1 소스 팬에 설탕과 오렌지 주스를 넣고 중간 불에서 끓이세요. 끓기 시작하면 크랜베리를 넣고 중간 불로 2분 동안 더 끓이세요. 이때 크랜베리에서 "팍팍!" 하고 팝콘 튀기는 소리가 작게 난답니다. 튀어나오거나 위험하지는 않으니 걱정 마세요.

2 2분이 지나면 불을 줄여서 15~20분 정도 소스가 걸쭉해질 때까지 좀 더 끓이세요. 한 김 식힌 후에 밀폐 용기에 넣어서 냉장고에 보관하세요.

경아와 함께 만든 크리스마스 음식

크리스마스 며칠 전에 경아가 볼더에서 돌아왔다. 시험 준비로 밥 먹는 시간까지 아껴가며 공부와 작업에 몰두하느라 집에도 못 다녀간 아이와 몇 주 만에 만난 것이다. 그동안 얼마나 힘이 들었던지 수척해 보였지만 좋은 마무리를 하고 와서 그런지 집에 와 있는 동안 경아의 하루하루는 참 행복해 보였다.

12월 들어서면서부터 매일매일이 늘 피곤했던 나는 말하는 것조차 아낄 정도였지만 경아가 그동안 어떻게 지냈는지 궁금해서 물어보지 않을 수 없었다. 평소에 조용하기만 한 내 모습과 달리 경아에게 이것저것 물어보느라 오랜만에 말을 많이 해서 그런지 피곤했던 몸이 더 악화되어 몸살이 나기 일보직전이 되었다. 그래서 사실 크리스마스가 코앞에 다가오는데도 어떤 음식을 해줄까 걱정만 하던 상태였는데 경아가 먼저 말을 꺼냈다.

"엄마! 이번 크리스마스에는 내가 한번 음식을 만들어볼까?"

"응? 정말! 와 좋아라! 그래그래, 우리 경아가 만들어주는 음식 한번 먹어보자! 엄마는 경아 옆에서 조수 역할을 해줄게!"

이렇게 해서 경아는 인터넷에서 레서피들을 찾기 시작하더니 금세 몇 가지 메뉴를 골라 내게 보여주었다. 메인 요리로 매년 먹던 터키 구이 대신 파인애플 와인 소스 로스트 햄을, 그리고 사이드 디시로 먹을 다섯 가지의 음식 레서피를 보여주는데… '으으. 이 많은 걸 언제 다하지?' 싶었다. 그동안 못 먹고 지내서 먹고 싶은 것이 많았나 보다. '함께 만들면 되겠지!'라는 생각에 경아와 장을 보고 들어와서 나는 크리스마스 전날 밤 늦게야 경아가 먹고 싶다는 치즈케이크를 만들기 시작했다. 피곤함이 누적되다 보니 안 그래도 건망증이 심한 편인데 자꾸 깜빡깜빡 하는 증세가 더 심해지는 것 같았다.

크리스마스 날 아침에 일어나자마자 내가 먼저 재료를 손질해놓고 경아가 일어나기를 기다렸는데 평소와는 달리 일찍 일어난 경아가 방에서 나오더니 레서피를 보면서 음식을 잘도 만들어낸다. 나는 옆에서 재료 씻어주고, 쌓이는 그릇들 설거지해주고, 가끔씩 도와주다가 사진 찍어주고…. 쓸쓸하게 지나갈 뻔한 크리스마스에 경아 덕분에 맛있는 음식을 먹으며 아이들과 둘러앉아 이야기도 나누면서 좋은 시간을 보냈다. 함께 주방에서 이런저런 이야기를 나누며 요리하는 내내 경아는 많이 행복해 보였다.

"엄마, 엄마랑 함께 음식 만드니까 참 좋다!"

"그래그래, 엄마도 그래. 경아와 함께 음식 만드니까 너무 좋아!"

뉴욕 치즈케이크 레서피 page 226

직접 구워 선물하는
케이크와 쿠키….
상상만 해도 가슴 따뜻해지는 일이랍니다.
사랑하는 분께 이제부터는 정성껏 만든
홈메이드 케이크와 쿠키를
선물해 드리세요.

이야기 #2

달콤한 홈 베이킹

사랑해…

언제나 들어도 기분 좋고
행복해지는 말…

사·랑·해…

쑥쓰러워 마음속에만 꼭꼭 숨겨두고 있던 말을
아이에게서 배웠다…

사‥랑‥해…

아름다운 선물

Cakes & Breads

베이킹에 성공하고 싶다면...

베이킹을 시작하기 전에 이것만은 꼭 읽어보세요!

TEN SECRETS

1 베이킹을 할 때 밀가루의 보관법이 아주 중요한데, 항상 시원하고 건조한 곳에 보관해야 한다. 습한 곳에 보관한 밀가루로 베이킹을 할 경우 밀가루에 수분 함량이 많아져 반죽이 질게 된다.

2 베이킹을 시작하기 전에 레서피를 꼼꼼히 읽고 어떤 과정으로 만들어지는지를 완전히 이해해둔다. 나는 주로 머릿속으로 상상해가며 레서피를 읽는데, 베이킹 과정을 이해하는 데에 많은 도움이 된다.

3 어떤 재료가 필요한지 모두 체크해둔다.

4 레서피에서 제시하는 올바른 크기의 팬을 사용한다. 오븐의 온도와 굽는 시간 또한 사용하는 팬에 맞추기 때문에 제시하는 팬을 사용해야 좋은 결과를 얻는다.

5 재료를 측량할 때는 계량 도구를 사용해 정확한 방법으로 측정한다.

6 베이킹을 시작하기 전에 미리 오븐을 예열해둔다.

7 타이머를 사용해 레서피에서 제시하는 베이킹 시간에 맞추어 굽는다.

8 케이크가 잘 구워졌는지 확인하는 방법은 꼬챙이로 가운데를 찔러보는 것이다. 아무것도 묻어 나오지 않으면 잘 구워진 것. 레서피에 굽는 시간이 나와 있지만 꼭 이 방법으로 확인하는 게 좋다.

9 구운 케이크는 한 김 식힌 후 틀에서 뺀다. 단, 스펀지케이크나 에인절 푸드 케이크는 1시간 이상 틀에 두면 오히려 빵이 잘 안 떨어질 수 있으니 조심한다.

10 케이크를 자를 때는 젖은 칼로 잘라야 한결 깔끔하게 잘린다.

* 밀가루를 계량할 때는…

내가 사용한 계량컵은 1컵 = 240ml 계량컵이다. 밀가루를 정확하게 계량하는 것은 베이킹을 성공하는 데 있어 아주 중요하다. 보통 1컵 분량은 120g(한국) 혹은 130g~140g(미국)이다. 한국과 미국의 계량컵 기준이 다르기 때문인데, 내가 주로 사용한 레서피는 미국 레서피라서 1컵 분량을 미국 분량으로 계량해서 만들었다. 컵으로 계량할 때는 아주 설렁설렁 담아서 윗부분을 깎아내야 한다. 내가 좋아하는 계량법은 저울 계량법이다. 그래서 레서피에 컵과 그램이 모두 표시되어 있을 때는 컵 대신 소량도 잴 수 있는 전자저울을 사용한다.

* 베이킹 소다와 베이킹파우더

간혹 "베이킹에 실패했어요. 머핀이 부풀지가 않고 단단하게 만들어졌어요" 라고 말하는 분들이 계시는데 '무엇이 문제일까' 하며 곰곰이 생각하다가 인터넷으로 조사해 보았다. 그리고 조사하는 과정에서 베이킹파우더와 베이킹 소다를 제대로 구분하고 잘 사용해야 한다는 것을 알게 되었다. 두 가지 모두 빵을 부풀어오르게 하는 기능이 있다. 다른 점은 베이킹 소다는 젖었을 때 부풀어오르는 기포를 만들어내기 시작하는 반면, 베이킹파우더는 젖은 상태에서 열을 가했을 때 기포를 만들기 시작한다는 것이다. 그래서 소다가 들어간 반죽일 경우에는 반죽을 만들고 나서 가능한 한 빨리 오븐에 넣고 구워야 잘 부푼 케이크가 만들어진다. 대부분의 레서피가 오븐을 예열하라고 되어 있듯이 이것을 지키지 않고 구우면 베이킹 파우더의 특성상 충분히 부풀지 않은 케이크가 만들어진다. 그리고 레서피의 정량보다 초과해서 넣을 경우 쓴맛과 짠맛이 나기도 하고 케이크의 질감도 단단해질 수 있으니 반드시 정량을 지켜서 넣도록 한다.

또 한 가지 중요한 것은 베이킹파우더와 베이킹 소다를 보관하는 방법이다. 서늘하고 건조한 실내에서 밀봉을 잘한 상태로 보관해야 세 기능을 유지한다. 하지만 냉장고에는 보관하지 않는 게 좋다. *자료 출처: wiki.answers.com snippets.com

* 제가 사용한 계량 단위는요…
테이블 스푼(큰술)은 TS로,
티스푼(작은술)은 ts로 표기했어요.

어머니의 추억

몇 해 전부터 베이킹을 하면서 빵이나 과자를 구울 때면 늘 어릴 적에 맛있는 빵을 구워주시던, 지금은 일흔이 넘으신 어머니가 생각나곤 한다. 내 어릴 적 기억 속의 어머니는 평소에 몸이 약하셨는데도 불구하고 늘 뭔가를 쉬지 않고 손으로 만드는 걸 좋아하셨고, 그래서 네 자식의 옷도 직접 만들어주고 당신의 옷도 손수 지어 입으시곤 했다. 그 솜씨가 아주 좋으셔서 지금도 어릴 적 사진을 보면 '어떻게 이렇게 만드셨을까' 하고 감탄을 하곤 한다. 음악을 좋아하는 어머니께서는 기타를 배우기도 하셨다. 나는 종종 어머니의 기타로 라디오에서 흘러나오던 귀에 익은 멜로디를 흉내 내기도 했다. 십자수로 집 안 곳곳에 방석이나 쿠션 등을 만들어놓기도 하시고, 우리들이 점점 커가면서는 뜨개질도 많이 하셨는데 덕분에 우리 형제들은 한겨울 동안 어머니의 사랑이 담긴 따뜻하고 멋진, 세상에 단 하나밖에 없는 스웨터를 입고 다녔다. 우리 형제에게 공부하라는 잔소리를 한번도 하지 않으셨던 어머니는 어쩌면 말 대신 당신이 하루하루 열심히 살아가는 모습을 자식들에게 직접 보여주기를 원하셨던 것은 아닌가, 그런 생각이 든다.

베이킹은 어머니께서 열정을 가지고 하신 또 다른 취미 생활 중 하나였는데 어머니께서 즐겨 만들어주시던 마들렌의 고소한 버터 향과 직접 만드신 딸기잼을 넣어 만들어주던 롤케이크의 부드러운 맛은 몇 십 년이 지난 지금까지도 고스란히 그대로 느낄 수 있으니 참 희한한 일이다. 입맛이 까다로운, 사실 까다롭다기보다는 집 음식보다 사 먹는 음식을 더 좋아하는 큰아이 지헌이를 보고 있으면 피식 하고 웃음이 나온다. 어쩌면 어릴 적 나의 모습과 저리도 닮았는지? 하는 생각이 들기 때문이다. 지금 와서 생각해보면 그때 나는 어머니께서 만들어주던 영양가 많은 맛있는 빵보다 가게에서 사 먹는 군것질거리를 더 좋아했다. 그런데 아이러니하게도 내가 베이킹을 직접 하기 시작하면서 그동안 잊고 산 어머니의 케이크 향과 맛이 바로 엊그제 먹어 본것처럼 점점 또렷이 기억나는 걸 보면 어머니의 사랑 가득한 케이크가 많이도 그리운가 보다. 지금은 연세가 드셔서 더 이상 베이킹은 하지 않으시는데, 그래서 어릴 적 먹던 그 추억 속의 맛을 더 그리워하고 있는지도 모르겠다. 내 아이들도 언젠가는 나처럼 나이가 들어 어릴 적 먹던 그 맛을 그리워할 때가 되면 내가 만들어놓은 레서피들로 그때의 추억을 더듬어볼 수 있기를 바라는 마음에서 오늘도 열심히 아이들이 좋아한 맛있는 레서피를 만들어가고 있다.

마들렌 레서피 page 288 ??

부모님의 신혼여행길에

어머니, 언니와 함께

어머니께서 만들어주신 옷을 입고

어머니께서 만들어주신 옷을 입은 4형제

밸런타인데이를 위한
레드 벨벳 초콜릿 케이크 롤
Red Velvet Chocolate Cake Roll

미국은 밸런타인데이가 다가오면 상점마다 온통 핑크색으로 장식을 해놓고 초콜릿, 쿠키, 케이크를 팔아요. 제가 몇 해 전 그래픽 디자인 수업을 들으러 다닐 때였어요. 연세가 지긋하신 데일 선생님께서 수업에 들어오시는데, 큰 선물 가방을 가지고 오셨어요. 선생님께서 학생들을 위해 초콜릿과 사탕을 직접 일일이 포장해서 가지고 오신 거였어요. 그러고는 학생들에게 다가가서 직접 한 사람 한 사람에게 나누어주셨지요. 정말 감동적인 순간이었어요. 그리고 제자 입장에서 먼저 선생님께 선물을 드리지 못한 죄송함 때문에 얼굴을 들지 못했답니다. 그때 받은 초콜릿 선물은 제가 받아본 선물 중에서 제자를 사랑하는 가장 따뜻한 선생님의 마음이 담긴 귀한 선물이었어요. 아마도 선생님께 선물을 받아본 학생이라면 나중에 선생님이 되었을 때 데일 선생님처럼 자신의 학생들에게 똑같이 마음을 담은 선물을 하지 않을까, 그런 생각이 들었답니다.

밸런타인데이가 다가와서 선물하기에도 좋고, 입안에서 부드럽게 녹아 스며드는 핑크색 생크림으로 초콜릿 케이크 롤을 만들어보았어요. 생크림을 얹었지만 느끼하지 않고 많이 달지 않아 먹기에도 부담스럽지 않아요. 식사 후에 커피와 함께 가볍게 즐길 수 있는 디저트이기도 하고요. 케이크 위에 생크림을 바르지 않는 대신 코코아 파우더를 솔솔 뿌려 드셔도 된답니다.

중력분 1/4컵 · 달걀 6개 · 설탕 3/4컵 · 코코아 파우더(무가당) 1/4컵 · 빨간색 식용색소 1TS
*생크림프로스팅 : 휘핑 생크림(heavy cream) 4 1/2컵 · 슈거 파우더 2 1/2컵 · 바닐라 익스트랙 2ts · 빨간색 식용색소 약간씩
* 쿠키 팬(30×43cm 크기)

 1 생크림 프로스팅 — 믹싱 볼에 휘핑크림을 담아 핸드 믹서로 거품이 조금 단단해지기 시작할 때까지 돌리다가 슈거 파우더를 넣어 빠른 속도로 좀 더 단단한 형태가 될 때까지 돌려요. 바닐라 익스트랙과 빨간색 식용색소를 조금만 넣고 한 번 더 핸드 믹서로 돌리세요. 케이크를 만드는 동안 냉장고에 보관해두세요.

2 오븐을 200 ℃(400 ℉)로 예열하세요.

3 두 개의 볼에 달걀을 노른자와 흰자로 분리한 다음 달걀노른자만 핸드믹서로 크림색이 될 때까지 4~5분 정도 돌리세요.

4 달걀흰자를 핸드믹서로 흰자 형태가 단단해지기 시작할 때까지 돌리고 서서히 설탕을 넣으면서 흰자 형태가 윤기가 나면서 더욱 단단해질 때까지 빠른 속도로 계속 돌리세요.

5 볼에 중력분+코코아 파우더를 섞어요.

6 ④에 ③을 붓고 주걱으로 아래에서 위로 퍼 올리며 조심스레 섞어요. 여기에 ⑤를 체로 쳐서 넣은 후 주걱으로 아래에서 위로 퍼 올리며 살살 섞고, 빨간색 식용색소를 넣어 고무 주걱으로 살살 섞으세요.

7 팬 위에 베이킹 종이를 깔고 그 위에 ⑥의 반죽을 표면이 평평하게 깔고, 예열한 오븐에 넣어 10분 정도 구운 다음 케이크를 꺼내어 네 가장자리를 긴 칼로 신속하게 잘라요. 새 베이킹 종이(혹은 얇은 천) 위에 코코아 파우더를 뿌린 후 케이크를 뒤집어서 올리고 케이크에 붙은 베이킹 종이를 떼어내세요.

8 ①의 생크림 프로스팅을 케이크 위에 펴 바른 뒤 케이크의 길이가 짧은 쪽부터 손으로 살살 말아요. 마는 동안 케이크 표면이 조금 갈라지지만 살살, 그리고 재빨리 말면 갈라지는 걸 최소화할 수 있어요. 돌돌 만 롤 케이크 위에도 만들어놓은 생크림 프로스팅을 예쁘게 얹으세요.

TIP !

* 케이크를 말 때에는 따뜻한 상태에서 말아야 표면이 덜 갈라져요.
* 완성 후 실온에서 3~4시간 두었다가 먹으면 케이크가 더 촉촉해져서 맛있답니다.

중력분 3컵 · 베이킹파우더 1/2ts · 베이킹 소다 1/2ts · 소금 1/2ts · 달걀노른자 2개 분량 · 달걀흰자 4개 분량 ·
식용유 1/2컵 · 메이플 시럽 3/4컵 · 바나나 2개 · 파인애플(4온스, 113g) 1캔 · 잘게 썬 호두 1/2컵 · 버터 약간

* **초콜릿 크림치즈 아이싱** : 실온 보관 크림치즈 8oz(227g) · 슈거 파우더 2TS · 코코아 파우더 4TS ·
메이플 시럽 6oz(12TS) · 화이트 초콜릿 (장식용) 약간

* 지름 20cm 원형 팬 2개

메이플 너트 과일 케이크
Maple Nut Fruit Cake

메이플 너트 과일 케이크는 설탕을 넣지 않고 메이플 시럽으로만 단맛을 낸 케이크랍니다. 그래서인지 케이크의 질감이 아주 촉촉해요. 그리고 케이크를 먹고 난 후의 느낌도 아주 깔끔하지요.

메이플 시럽은 단풍나무의 진액으로 만든 건데, 와플이나 팬케이크와 함께 먹기도 해요. 그리고 우리 몸의 면역 기능을 강화해주고 몸에 좋은 미네랄이 꿀보다도 더 많이 들어 있다고 합니다. 칼로리도 꿀보다 적고요. 메이플 시럽의 향이 아주 은은해서 크림치즈와 메이플시럽으로 만든 아이싱을 케이크 위에 발라 먹으면 정말 맛있답니다.

 1 오븐을 190 ℃(375 ℉)로 예열하세요.

2 중력분+베이킹 소다+베이킹파우더+소금을 섞어 고운체에 두 번 치세요.

3 달걀노른자+달걀흰자를 핸드 믹서로 충분히 돌려요.

4 ②+③+식용유+메이플 시럽을 한데 담아 핸드 믹서로 돌리세요.

5 바나나는 포크로 으깨고, 파인애플은 체에 밭쳐 물기를 빼고 잘게 썰어요. 호두도 잘게 다져요. ④+바나나+파인애플+호두를 고무주걱으로 섞으세요.

6 원형 팬 2개에 녹인 버터를 바르고 ⑤의 반죽을 담아 예열한 오븐에 나란히 넣고 35분 정도 구우세요.

7 초콜릿 크림치즈 아이싱 ─크림치즈+슈거 파우더+코코아 파우더+메이플 시럽을 포크로 섞다가 핸드 믹서로 돌리세요.

8 케이크 꾸미기─⑥의 케이크를 식힌 후 솟아오른 부분은 잘라내고 케이크 한쪽 면 위에 아이싱을 바른 다음 다른 케이크를 올린 후 아이싱을 전체적으로 바르세요. 칼로 얇게 저민 화이트 초콜릿을 케이크 위에 장식해 뿌려요.

버터크림
레몬 아이싱 케이크

Flowers Butter Cream Lemon Icing Cake

베이킹을 하면서부터 아이 생일날이면 직접 케이크를 구워준답니다. 스물두 살이 되는 큰아이 지헌이의 생일날이었어요. 지헌이는 늘 먹고 싶어 하는 케이크가 따로 있었는데 슈퍼마켓에서 판매하는 케이크 믹스와 아이싱을 사서 만든 바닐라 아이싱 레몬 케이크였답니다. 미국의 슈퍼마켓에서는 온갖 종류의 케이크 믹스와 아이싱을 팔기 때문에 초보자도 손쉽게 베이킹을 할 수 있어요. 그래서 저도 처음에 몇 번 재미 삼아 구워 먹은 기억이 나요. 그땐 참 맛있게 먹었는데 막상 제가 직접 만들어보니 더 이상 케이크 믹스에 손이 가지 않더라고요. 하지만 그때 구워주던 아이싱을 바른 레몬 케이크를 지헌이는 좋아라 했어요.

모처럼 지헌이가 먹고 싶다는 그 케이크를 만들었는데 역시 맛은 별로였답니다. 직접 만들어 먹는 케이크 맛에 익숙해진 탓인지 예전엔 분명 맛있다고 먹었는데도 말이죠. 지헌이의 반응도 별로였어요. 그래서 며칠 후, 다시 맛있고 아름다운 케이크를 만들어주었어요. 그랬더니 지헌이도 맛있다며 칭찬을 해주더라고요. 맛도 있었지만 꽃잎을 살짝 얹은 케이크가 너무 예뻐서 제가 만들어놓고도 잘라 먹기가 아까웠을 정도예요. 마침 말려놓은 꽃이 있었거든요. 그래서 리본과 조화 몇 개 그리고 말린 꽃잎을 이용해 케이크를 장식해보았는데 보고만 있어도 참 행복해지는 케이크였답니다. 제가 사용한 꽃잎은 식용 꽃잎이 아니라서 케이크를 먹을 때 꽃잎은 살짝 걷어내고 먹었어요. 새콤한 레몬 향의 아이싱과 부드러운 케이크가 정말 맛있답니다.

현정 씨의 첫아이 용원이의 돌날에도 예쁘게 만들어서 선물했어요. 작은 액자에 예쁘게 칠을 하고 용원이 사진을 넣어서 케이크 위에 꽂고 예쁜 꽃을 얹어서요. 선물을 받고 행복해 하는 모습을 상상하는 것만으로도 마음이 따뜻해졌답니다.

TIP !

장식용 말린 꽃으로 식용 꽃을 사용하면 꽃잎도 함께 드실 수 있어요.
식용 꽃으로는 라벤더, 캐머마일, 잉글리시 데이지, 허브에서 피어나는 각종 꽃들, 팬지 꽃, 진달래꽃 등이 있습니다. 그리고 로 슈거는 미국에서는 쉽게 구입할 수 있는데 한국에서는 팔지 않나 봐요. 로 슈거 없이 말린 꽃잎만으로 장식해도 예쁘답니다.

박력분 2컵 · 베이킹파우더 2ts · 소금 1/4ts · 녹인 무염 버터 1/2컵(113g) · 설탕 1컵 · 달걀 2개 · 바닐라 익스트랙 1ts · 우유 2/3컵

* 버터크림 레몬 아이싱 : 실온 보관 버터 1/2컵(113g) · 쇼트닝 1/2컵(103g) · 레몬 익스트랙 1ts · 우유 2TS · 슈거 파우더 3컵 *** 장식** : 말린 꽃 · 로 슈거(raw sugar) · 리본

* 지름 20cm 원형 팬

1 오븐을 180℃(350℉)로 예열하세요.

2 박력분+베이킹파우더+소금을 고운체에 한데 쳐요.

3 다른 볼에 녹인 버터+설탕을 넣어 핸드 믹서로 돌린 후 달걀+바닐라 익스트랙을 넣어 크림빛이 날 때까지 더 돌리세요. 여기에 ②+우유를 넣어 주걱으로 섞은 다음 다시 핸드 믹서로 돌려요.

4 버터를 바른 원형 팬에 ③의 반죽을 담아 예열한 오븐에서 약 45~50분 정도 구워요.

5 버터크림 레몬 아이싱 − 실온에서 부드러워진 버터와 쇼트닝을 핸드 믹서로 부드러워질 때까지 돌리고 나서 레몬 익스트랙+우유를 넣고 다시 돌리세요. 마지막으로 슈거 파우더를 한번에 1컵씩 넣어 돌려요. (아이싱이 너무 묽다 싶으면 슈거 파우더를 좀 더 넣고, 너무 되직하면 우유를 아주 조금 더 넣으세요.)

6 아이싱 바르기 − 구운 케이크를 한 김 식힌 후 봉긋하게 부풀어 오른 부분을 평평하게 자르고 케이크의 절반을 횡단면으로 잘라요. 아이싱을 한쪽 면에 펴 바르고 샌드위치처럼 남은 한쪽 케이크를 덮은 다음 케이크 위에 스패튤러로 아이싱을 얇게 펴 발라요. 아이싱의 표면을 만져보아 손에 묻어나지 않을 정도로 굳으면 흰 종이를 케이크 위에 올려놓고 손바닥으로 살살 문지르세요. 케이크 옆면도 같은 방법으로 하면 케이크 표면이 곱고 부드러워진답니다. (아이싱이 굳는 시간은 아이싱의 농도와 실내 온도에 따라 달라지는데 조금 묽은 듯하고 실내 온도가 높으면 굳는 데 1~3시간 정도 걸리고, 아이싱 농도가 적당하면 20분 정도 걸려요.)

7 케이크 꾸미기 − 리본, 말린 꽃잎 그리고 하얀 로 슈거로 심플하면서도 우아한 아름다운 케이크를 만들어보세요. 우선 하얀 케이크 옆면에 조화를 살짝 붙인 리본을 두르고 케이크 위에 반짝이는 크리스털 느낌의 로 슈거를 뿌려요. 케이크 한가운데에 작은 꽃을 올리고 주변에는 말린 꽃잎을 뿌려 장식하세요.

용원이를 위한 첫돌 케이크

솜털처럼 폭신한
생크림 에인절 푸드 케이크
Angel Food Cake With Whipped Cream

달걀흰자가 주재료인 에인절 푸드 케이크는 부드럽고 담백한 맛이 특징인 솜털처럼 가벼운 질감의 케이크랍니다. 케이크가 하얗고 가벼우면서도 폭신폭신해서 천사에 비유해 에인절 푸드 케이크란 이름이 붙었다는 이야기도 있어요. 에인절 푸드 케이크는 미국에서 19세기 말부터 요리책에 소개되었다고 해요. 아이스크림 케이크 ice cream cake, 스노드리프트 케이크 snowdrift cake, 실버 케이크 silver cake라고 불리기도 한다는군요. 지방도 적어 케이크가 먹고 싶은 날이면 부담 없이 구워 먹는 케이크랍니다. 신선한 과일을 얹어 먹거나 과일 소스를 곁들여 먹어도 아주 좋아요.

달걀흰자 12개 분량·체로 친 박력분 1컵(100g)·타르타르 크림 1ts·소금 1/4ts·슈거파우더 1 1/2컵·바닐라 익스트랙 2ts·아몬드 익스트랙 1/2ts·버터 약간
* 생크림 프로스팅:휘핑크림 1컵(240ml)·바닐라 익스트랙 1ts·설탕 6TS
* 시폰 팬(대)

 1 생크림 프로스팅 —믹싱 볼에 휘핑크림+바닐라 익스트랙+설탕을 넣고 핸드 믹서로 단단한 형태가 될 때까지 돌린 후 랩을 씌워 냉장고에 보관하세요.

2 오븐을 180°C (350°F)로 예열하세요.

3 머랭 —달걀흰자를 핸드 믹서로 돌려 머랭을 만들어요. 그릇을 거꾸로 들었을 때 그릇에서 떨어지지 않으면 잘된 거예요.

4 머랭+타르타르 크림+소금을 넣어 핸드 믹서로 한 번 돌린 후 슈거 파우더를 넣고 다시 한 번 돌려요. 여기에 바닐라 익스트랙+아몬드 익스트랙을 넣어 몇 초간 더 돌리세요.

5 체에 몇 번 친 박력분에 ④를 3~4회에 나누어서 넣으며 실리콘 주걱으로 포개듯이 살살 섞어요.

6 시폰 팬 안쪽에 녹인 버터를 골고루 바르고 ⑤의 반죽을 담은 후 예열한 오븐에 넣어 45~60분 동안 구워요. (젓가락으로 깊이 찔러보아서 반죽이 묻어나지 않으면 잘 구워진 거예요.)

7 구운 케이크는 틀 아래에 머그를 거꾸로 놓고 그 위에 틀을 역시 거꾸로 놓은 상태로 두어 1시간 정도 식힌 다음 틀에서 꺼내세요. (1시간 이상 틀에 놔두면 케이크가 들러붙을 수도 있으니 조심하세요.) 케이크에 ①의 생크림 프로스팅을 고루 발라 마무리해요.

진아가 만들어준 생일 케이크

베이킹이란 선물을 주고 간 진아

헤어짐 뒤에는 만남이 있듯이 그동안 살아온 날을 되돌아보면 타국에서 살아가는 동안 이런 이별과 새로운 만남이 늘 반복되어왔다. 어학원 다니던 시절 단짝 친구였던 아야코와의 이별로 그리움에 젖어 살던 나에게 진아는 따뜻하게 다가온 사람이었다. 영어 어학원에서 만난 진아는 몇몇 사람과만 친하게 지내던 나와는 달리 모든 사람에게 먼저 손을 내밀고 진심을 담아 다가서는 마음이 참 따뜻한 사람이었다. 그래서인지 그녀 주변에는 늘 많은 사람이 함께했다.

그런 진아가 어느 날 내게도 손을 내밀어주었고 그렇게 우리는 언니, 동생으로 지내면서 서로의 기쁨과 아픔을 나누었다. 나보다 두 살 어린 진아는 나를 언니라고 부르며 참 잘 따랐는데, 나는 나대로 엄마처럼 포근한 진아가 좋았다.

생각해보면 내가 베이킹에 푹 빠진 것도 진아 덕분이었다. 큰아이 지헌이의 생일 케이크를 직접 구워주겠다는 진아의 고마운 마음에 나도 직접 보고 싶다며 함께한 그 시간이 단번에 나를 그동안 잊고 살던 베이킹에 빠져들게 하는 계기가 되었다. 진아의 손에서 만들어진 케이크와 그 위에 장식할 아이싱을 만들던 그녀의 손놀림은 마치 요술을 부리는 것처럼 보였다. 사실 신혼 초에는 쿠키도 굽고 케이크도 몇 번 만들어보았지만 몸이 약했던 나는 연년생 두 아이를 낳아 키우면서 육아만으로도 힘에 벅차 쩔쩔 매며 살다 보니 아이들이 커갈 동안 베이킹이 주는 즐거움을 까맣게 잊고 살았다. 그 와중에 진아의 손끝에서 만들어지던 지헌이의 생일 케이크를 바라보면서 나는 벅찬 감동을 받았다. 그리고 오랫동안 잊고 산 베이킹의 재미에 조금씩 조금씩 빠져들었다.

미국에 몇 해 머무는 동안 엄마만이 해줄 수 있는 최고로 맛있는 음식, 사랑이 듬뿍 담긴 음식을 아이들에게 만들어주던 진아는 공부가 끝나자마자 한국으로 돌아갔다. 나에게 또 하나의 귀한 인연이 되었고, 베이킹이란 큰 기쁨의 선물을 안겨준 채….

진아가 만들어준

생크림 레몬 너트 케이크
Whipped Cream Lemon Nut Cake

중력분 55g · 녹말 17g · 베이킹파우더 4g · 달걀노른자 3개 분량 · 달걀흰자 3개 분량 · 설탕 80g · 물 30cc · 식용유 35cc [파인애플 · 호두 · 버터 적당량씩] * **생크림 프로스팅**: 휘핑크림 1컵 · 슈거 파우더 1/4컵 · 레몬즙 1/2ts
* 지름 20cm 원형 팬

 1 오븐을 165 ℃(325 ℉)로 예열하세요.

2 프로스팅 – 휘핑크림+슈거 파우더+레몬즙을 핸드 미서로 단단해질 때까지 돌린 후 냉장고에 넣어 차갑게 보관하세요.

3 달걀을 노른자와 흰자로 분리한 다음 달걀노른자+설탕을 연한 크림색이 될 때까지 핸드 미서로 돌려요. 여기에 물+식용유를 넣고 한 번 더 돌리세요.

4 중력분+녹말+베이킹파우더를 섞어 고운 체에 치세요.

5 ③+④를 한데 담아 핸드 미서로 돌리세요.

6 머랭 – 달걀흰자를 거품기로 섞어서 끝이 뾰족하게 올라올 때까지 핸드 미서로 빠르게 돌려요.

7 ⑤의 반죽에 ⑥의 머랭을 1/3 정도 덜어서 주걱으로 포개듯이 섞어요. 같은 방법으로 나머지 반죽을 두 번에 걸쳐 머랭 거품이 죽지 않도록 섞어요. 팬에 녹인 버터를 바른 후 반죽을 붓고 예열한 오븐에서 35분 징도 구우세요.

8 케이크 – 케이크를 한 김 식힌 후 평평하게 반을 잘라 잘게 썬 다음 파인애플을 얹어요. 케이크를 올리고 생크림 프로스팅을 케이크 전체에 바른 다음 다진 호두를 케이크 옆면에 고루 붙여요.

전자레인지로 만든

마시멜로 초콜릿 케이크
Marshmallow Chocolate Cake

전자레인지와 오븐 베이킹에는 질감의 차이가 있어요. 오븐 케이크는 좀 더 촉촉하게 오래도록 그 상태가 유지되지만 전자레인지 베이킹은 식을수록 질감이 퍽퍽해져요. 하지만 따뜻할 때 바로 먹으면 폭신폭신, 부드러운 맛을 즐길 수 있답니다. 그리고 랩을 씌워 보관하면 케이크가 퍽퍽해지는 것을 방지할 수 있어요. 공기 중에 오래 노출되어 굳었다고 해서 걱정할 필요는 없답니다. 다시 20초 정도 데우면 금세 부드러워지거든요. 진하고 깊은 초콜릿 케이크의 맛이 프로스팅과 만나 달콤함이 입안 가득 녹아든답니다.

중력분 151g · 베이킹 소다 4g · 소금 1/8ts(2g) · 쇼트닝 1/4컵(47g) · 설탕 1컵 · 코코아파우더 1/4컵 · 바닐라 익스트랙 1/2ts · 우유 1/4컵 · 달걀 1개 · 마시멜로 적당량 · 물 1/2컵 · 버터 약간 (모든 재료는 실온 상태로 사용하세요)

* **초콜릿 프로스팅**: 실온 보관 무염 버터 5TS · 코코아파우더(무가당) 3TS · 꿀 1TS · 메이플 시럽(또는 라이트 콘 시럽이나 물엿) 4TS · 슈거 파우더 1/2컵

* 지름 20cm 원형 전자레인지용 그릇

1 중력분+베이킹 소다+소금을 함께 고운체에 치세요.

2 믹싱 볼에 쇼트닝+설탕+코코아 파우더+바닐라 익스트랙을 담아 나무 주걱으로 잘 섞은 후 핸드 믹서로 부드러워질 때까지 2~3분 동안 돌려요.

3 물 1/2컵을 전자레인지용 컵에 담아 전자레인지에 넣고 물이 끓을 때까지 1분 정도 돌리세요. 다른 믹싱 볼에 끓인 물+우유+달걀을 넣어요.

4 ③을 핸드 믹서로 3분 정도 고운 거품 상태로 부풀어 올라올 때까지 돌리고 ①+②을 함께 넣은 후 핸드 믹서로 모든 재료가 부드럽게 잘 섞일 때까지 돌리세요.

5 전자레인지용 그릇에 버터를 바르고 ④의 반죽을 담아 1200와트 이상 전력의 전자레인지에서는 낮은 전력으로 8분, 강한 전력에서 1분 더 돌리세요. 전자레인지가 작동하는 동안 회전형 레인지가 아니면 강한 전력으로 1분 돌릴 때 그릇을 앞뒤로 한번 바꾼 후에 돌리세요. (저는 채소 조리 모드에서 8분 돌리고, 고기 조리 모드에서 1분 돌렸어요.) 인터넷을 뒤져보니 600~800와트의 낮은 전력의 레인지를 사용하는 분은 강한 전력에서 5~6분 돌리라더군요. 손쉽게 9분 만에 맛있는 초콜릿 케이크가 완성이 되었어요. 그릇이 뜨거워 꺼낼 때 위험하므로 5분 정도 그냥 둔 후 꺼내세요.

6 초콜릿 프로스팅-케이크가 식는 동안 초콜릿 프로스팅을 만들어요. 실온에서 부드러워진 버터+코코아 파우더+메이플 시럽+슈거 파우더를 부드럽게 섞으세요. (코코아 파우더가 달다 싫으면 설탕의 양을 줄이세요.)

7 케이크 위에 초콜릿 프로스팅을 얹고 마시멜로를 케이크 위에 소복이 올리세요.

TIP !

전자레인지 사용 시 정해진 시간보다 너무 오래 돌리면 케이크의 질감이 단단해져요.

베이킹용 그릇으로 금속 재질의 그릇을 사용하면 화재의 위험이 있으므로 반드시 전자레인지용 그릇을 사용하세요.

촉촉한

줄무늬 캐럿 케이크
Striped Carrot Cake

참 재미있게 본 <천만번 사랑해>라는 드라마가 있었어요. 마지막 회에 당근을 싫어하는 극중 정겨운 씨가 국수에 들어간 당근을 골라내어 아내 그릇에 살짝 옮겨놓는 장면이 나오더라고요. 말로는 위암 수술을 받은 아내를 위해 항암 효과가 있는 당근을 준 거라고 하지만 드라마에서 당근을 싫어하는 정겨운 씨의 귀여운 변명도 있었던 것 같아요. 당근을 싫어하는 저희 아이들도 크면서 점점 나아지고 있기는 하지만 채소를 볶아놓으면 당근만 쏙 빼고 먹더라고요. 당근 케이크는 당근을 싫어하는 분들에게 참 좋은 케이크예요. 계피 향과 당근 맛이 어우러져 참 맛있고 아주 촉촉해서 입안에서 당근이 씹히는 줄도 모르고 먹게 되거든요. 하얀 슈거 글레이즈를 케이크 위에 곁들이면 더욱 달콤한 맛을 느낄 수 있어요.

중력분 1컵(140g) · 베이킹 소다 1ts · 계핏가루 1ts · 소금 1/4ts · 달걀(대) 2개 · 설탕 1/2컵 · 황설탕 1/3컵 · 플레인 요구르트 1/3컵 · 식용유 1/4컵 · 채 썬 당근 1컵 · 버터 약간
***슈거 글레이즈** : 슈거 파우더 1/2컵 · 물 2 1/2ts *지름 20cm 원형 팬

1 오븐을 180℃(350℉)로 예열하세요.

2 중력분+베이킹 소다+계핏가루+소금을 섞어요.

3 믹싱 볼에 달걀+설탕+황설탕+플레인 요구르트+식용유를 담고 핸드 믹서로 서로 잘 섞이도록 돌리세요.

4 ②+③을 한데 담아 부드러워질 때까지 핸드 믹서로 돌리세요.

5 ④+강판에 갈은 당근을 실리콘 주걱으로 섞어요.

6 안쪽 면에 버터를 바른 원형 팬에 ⑤의 반죽을 담고 예열한 오븐에 넣어 40분 정도 구워요.

7 슈거 글레이즈—슈거 파우더+물을 잘 섞으세요. (단, 너무 묽어서 케이크에 스며들지 않을 농도로 만드세요.)

8 ⑥의 케이크를 식힌 후 위에 솟아 오른 부분은 자르고 뒤집으세요. 슈거 글레이즈를 수저에 담아 케이크 위에서 글레이즈를 떨어뜨리며 줄무늬를 만들어 장식해요.

데일(Dale) 선생님과의 마지막 수업

데일 선생님과의 마지막 수업 날이다. 선생님과의 첫 만남은 타이포그래피 Typography 클래스에서였는데 푸근한 첫인상처럼 선생님의 수업은 자유분방하면서도 따뜻했다. 학생들끼리 서로 도움을 줄 수 있는 수업 방식은 다른 선생님의 빡빡하기만 한 수업과는 너무나도 다른 것이었다. 학생들에게 늘 용기와 자신감을 북돋워주고, 다양한 아이디어와 풍부한 감성을 지닌 선생님… 학생을 가르치는 일이 작품을 만드는 일보다 더 재미있어 학교를 선택하셨다는 선생님이다. 선생님께서는 예순이 넘은 연세에도 늘 유머와 재치가 풍부하셨다. 데일 선생님과 여러 클래스를 함께하면서 참 많은 걸 배우고, 그분이 의도하신 대로 학생들끼리 서로 도움을 주고받으며 함께 성장할 수 있었다.

선생님께 조금이나마 감사의 마음을 전하고 싶어 선생님께 드릴 바나나 너트 레몬 케이크를 굽고 포장하면서 지난 시간을 떠올려보았다. 많이 아쉽다는 생각만 들었다. 마지막 수업을 하면서 데일 선생님은 내게 이렇게 말씀을 하셨다. 비자 문제로 더 이상 수업을 들을 수 없는 나의 사정을 아시는 선생님께서는 여름 학기에도 계속 함께 공부하자고… 학교에 등록하지 않아도 그냥 가르쳐주시겠다고… 우정으로 말이다. 너무 좋아서 아이처럼 방방 뛰는 나를 보면서 흐뭇한 미소를 지으시던 마음 따뜻한 데일 선생님…

감사합니다. 그리고 많이 사랑합니다, 선생님!

바나나 너트 레몬 케이크 레서피 page 193   >>

왼 쪽에서 두번째가 데일 선생님, 그리고 나와 함께 공부한 친구들

바나나 너트 레몬 케이크
Banana Nut Lemon Cake

바나나 너트 레몬 케이크는 잘 익은 바나나로 만들어 먹으면 참 좋은 케이크예요. 호두가 듬뿍 들어가서 바나나의 향긋함과 호두의 고소한 맛이 아주 잘 어울린답니다.

중력분 3컵(390g)·베이킹파우더 1ts·베이킹 소다 1ts·바나나 4개·설탕 1 1/2컵·녹인 무염 버터 200g·달걀 3개·우유 1/2컵·레몬 주스 2TS·호두 1/2컵 [소금·버터 약간씩, 아몬드· 슈거 파우더 적당량씩(장식용)]
＊지름 20cm 원형 팬

1 오븐을 180 ℃(350 ℉)로 예열 하세요.

2 중력분+베이킹파우더+베이킹 소다 +소 금을 고운체에 두 번 쳐놓아요.

3 껍질 벗긴 바나나를 포크로 으깨요. 설탕 +녹인 버터를 핸드 믹서로 돌린 다음 달걀+ 으깬 바나나를 넣어 함께 돌리세요

4 ③에 ②의 절반을 넣어 핸드 믹서로 돌린 후 우유+레몬 주스를 넣어 함께 돌려요. 나머지 ②의 절반을 모두 넣고 다시 한 번 돌리세요. 여기에 굵게 다진 호두를 넣고 실리콘 주걱으 로 살살 섞어요.

5 팬 안쪽에 녹인 버터를 바르고 ④의 반죽을 담아 예열한 오븐에 넣어 약 50~60분 정도 구 워요. 케이크를 한 김 식힌 후 틀에서 빼 슈거 파우더를 솔솔 뿌린 뒤 아몬드를 얹으세요.

데일 선생님께서 맛있게 드신 '바나나 너트 레몬 케이크'

새콤달콤한
생크림 크랜베리 케이크
Cranberry Cake With Whipped Cream

크랜베리의 새콤함과 생크림의 달콤함이 아주 잘 어울리는 케이크랍니다. 비타민 C가 듬뿍 들어 있는 크랜베리로 맛있는 케이크를 만들어 보세요.

중력분 1컵(140g) · 베이킹파우더 1ts · 베이킹 소다 1/4ts · 소금 1/4ts · 달걀 1개 · 설탕 1/2컵 · 쇼트닝 1TS · 오렌지 주스 2/3컵 · 휘핑크림 1/4컵 · 크랜베리 1컵
* **생크림 프로스팅** : 휘핑크림 2컵 · 슈거 파우더 1/2컵 · 바닐라 익스트랙 1ts
* 구겔호프 팬(소)

1 오븐을 180 ℃(350 ℉)로 예열하세요.

2 중력분+베이킹파우더+베이킹 소다+소금을 체에 쳐놓아요.

3 달걀을 크림색이 나도록 핸드 믹서로 돌리세요.

4 다른 믹싱 볼에 설탕+쇼트닝을 넣고 오렌지 주스+③을 넣은 후 핸드 믹서로 돌리세요.

5 ②+④+휘핑크림을 실리콘 주걱으로 살살 섞은 후 핸드 믹서로 5분 정도 돌리고 잘게 썬 크랜베리를 넣어 실리콘 주걱으로 잘 섞어요.

6 구겔호프 팬에 물 스프레이를 골고루 뿌리고 ⑤의 반죽을 담아 예열한 오븐에 넣어 1시간 정도 구워요.

7 **생크림 프로스팅**−휘핑크림+슈거 파우더+바닐라 익스트랙을 핸드 믹서로 단단한 형태가 되도록 돌리세요. ⑥의 케이크를 한 김 식힌 후 생크림 프로스팅을 케이크 위에 발라요.

5

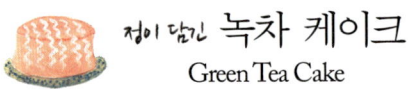

정이 담긴 녹차 케이크
Green Tea Cake

녹차 케이크를 구울 때면 항상 생각나는 사람이 있답니다. 미국에서 녹찻가루를 쉽게 구하지 못하는 저를 위해 멀리 한국에서 녹찻가루를 보내준 고마운 친구, 민희 씨예요. 녹차 케이크를 구울 때마다 녹차의 그윽한 향내와 함께 세월이 지나도 변하지 않는 친구의 고마운 마음까지 함께 느끼며 먹곤 한답니다. 그러고는 저도 그 누군가에게 따뜻한 기억이 되고 싶다는 생각을 하곤 하죠. 2008년 12월 어느 날이었어요. 민희 씨에게서 소포가 배달이 되었답니다. 민희 씨와는 블로그를 통해 알게 된 따뜻한 인연이에요. 상자 속에는 귀한 녹찻가루와 마치 친정어머니께서 시집간 딸 챙겨주시듯 햇고춧가루와 잔멸치 그리고

호두 1컵(90g)·달걀노른자 6개 분량·달걀흰자 6개 분량·설탕 1 3/4컵(360g)·
꿀물(꿀 2TS+더운물 4TS)·소금 1/8ts·박력분 1 1/4컵(250g)·녹찻가루 2TS
＊20cm 정사각 팬 3호

1 오븐을 190℃(375℉)로 예열하세요.

2 호두는 적당히 굵게 다지고, 달걀은 흰자와 노른자를 분리해요.

3 달걀노른자+설탕+꿀물+소금을 핸드 믹서로 크림 상태가 되도록 돌려요.

4 머랭 −차가운 믹싱 볼에 달걀흰자를 넣고 핸드 믹서로 단단한 형태가 될 때
까지 돌리세요.

5 박력분+녹찻가루를 체에 두세 번 친 후에 ③을 넣어 핸드 믹서로 부드럽게
섞이도록 돌린 후에 굵게 다진 호두를 넣어요.

6 머랭을 두세 번에 나누어서 ⑤에 넣고 주걱으로 아래에서 위로 올리듯이 설
설 섞으세요.

7 베이킹 팬 안쪽에 버터를 바르고 ⑥의 반죽을 부은 뒤 예열한 오븐에 넣고
45~50분 정도 구워요.

TIP !

녹차 케이크 위에 생크림을 발라드셔도 아주 맛있답니다.

생크림 프로스팅 레서피 page 184   〉〉

민희 씨가 연주한 아름다운 피아노 음악이 담긴 CD가 들어 있었어요.
그날 저녁 우리 집 식탁에는 아이들이 좋아하는 잔멸치 볶음이 푸짐하게 올랐는데 아이들
이 어쩌나 맛있게 먹던지요. 저녁을 먹고 나서 저는 예전부터 구워보고 싶던 녹차 케이크
를 만들어보았어요. 오븐에 넣어 굽는 동안 집 안 곳곳에 어느새 녹차 향기가 가득퍼졌어
요. 녹차를 유난히 좋아하는 경아는 여전히 녹차 케이크를 많이 좋아한답니다. 그리고 엄
마를 기분 좋게 해주는 말을 잊지 않아요. "엄마! 엄마가 만든 케이크 중에 베스트예요!"
아이들이 맛있게 먹는 모습을 보는 것은 늘 작은 행복을 안겨준답니다.

오렌지 맛이 그윽한

얼그레이 티 케이크
Earl Grey Tea Cake

커피를 참 많이도 좋아했던 저는 어느 때부터인가 커피보다는 차가 좋아지기 시작했어요. 맛도 맛이지만 잔 밑바닥까지 맑게 보이는 차를 마시고 나면 몸속까지 깨끗해지는 느낌이 들어요. 제가 좋아하는 차 중에 베르가모트 오렌지 bergamot orange 향이 은은한 얼그레이 티가 있답니다. 그런데 바로 그 얼그레이 티로 만든 케이크를 ≪그레이스톤 베이커리 쿡북(The Greyston Bakery Cook Book)≫에서 발견했을 때 '얼그레이 티를 가지고 케이크를? 정말 맛이 있을까?' 하는 의문이 들었어요. 왜냐하면 티백 속의 거무스름한 찻잎을 반죽에 넣으라고 나와 있었거든요. 차로 마시는 건 좋은데 어쩐지 케이크로 만든다는 것은 그 맛이 잘 상상이 되지 않더군요. 그런데 오랜만에 집에 돌아온 경아에게 레서피를 보여 주니 얼그레이 티를 좋아하는 경아의 얼굴이 밝아지며 "엄마! 정말 정말 맛있겠다! 만들어 줘요" 라는 거예요. 그래서 모처럼 집에 와서도 쉬지 못하고 학교 과제물에 매달리던 경아를 위해 늦은 저녁 시간에 얼그레이 티 케이크를 굽기 시작했답니다.

티백 다섯 봉지 속에 담긴 제법 많은 얼그레이를 집어넣고 완성한 케이크는 구워지는 내내 맛있는 향기가 진동을 했어요. 그리고 밤 12시가 다 되어 오븐에서 꺼낸 케이크를 잠시 식혔다가 조금 잘라서 맛을 보다 경아와 저는 깜짝 놀랐어요. 은은한 얼그레이의 향과 고소한 버터 향이 서로 잘 어울리는 정말 맛있는 케이크였어요. 다음날 볼더로 돌아가는 경아 가방에 1분 1초가 아쉬운데 언제든지 먹고 싶을 때 1개씩 꺼내 먹으라고 케이크를 작게 잘라 낱개로 포장해 넣어주었답니다. 경아는 아기 같은 행복한 미소를 띠며 "엄마! 고마워요" 라는 말을 하고 돌아갔어요. 따끈한 얼그레이 티와 함께 먹으면 더 맛있답니다.

1 오븐을 163 ℃(325 ℉)로 예열하세요.

2 믹싱 볼에 중력분+소금을 섞어요.

3 다른 믹싱 볼에 버터+설탕+얼그레이 티잎+바닐라 익스트랙을 넣어 핸드 믹서로 중간 속도로 부드러워질 때까지 돌린 뒤 달걀을 한 번에 1개씩 넣어 돌리세요. 여기에 ②를 세 번에 나누어 넣으면서 핸드 믹서로 낮은 속도로 돌리세요.

4 식빵 팬에 베이킹 종이를 깔고 반죽을 담아 바닥에 쿵쿵 치세요. 예열한 오븐에 넣어 1시간~1시간 10분 정도 구워요. 꼬챙이로 가운데를 찔러보아 아무것도 묻어나오지 않으면 잘 익은 거예요.

5 글레이즈 - 물을 끓인 후 불에서 내린 다음 얼그레이 티백을 넣어 7분간 우려요. 여기에 슈거 파우더를 넣어 손 거품기로 잘 섞어요.

6 케이크를 팬에서 종이째 꺼내 식힘망 위에 얹어 식히세요. 완전히 식은 케이크 위에 글레이즈를 뿌려요.

중력분 2컵(280g)·소금 1/2ts·실온 보관 무염 버터 1컵(226g)·설탕 1컵·얼그레이 티잎 2TS
(티백 5개 분량)·바닐라 익스트랙 1ts·달걀 5개
* **글레이즈** : 물 3/4컵, 얼그레이 티백 4개·슈거 파우더 2컵
* 베이킹 종이·식빵 팬(대)

케이크 선물을 할 때는…

얼그레이 티 케이크는 오렌지 향이 풍기는 고급스러운 느낌이 드는 케이크예요 특별한 누군가에게 선물하고 싶을 때에는 향기나는 얼그레이 티 케이크를 티와 함께 드려보세요 선물은 작은 것이라도 주고받을 때 서로를 행복하게 해주는 신비한 마법 같은 거라는 걸 케이크를 굽고 포장하면서 늘 느끼게 된답니다. 물건 살 때 따라온 흰색 얇은 종이와 말린 꽃, 리본을 이용하여 포장을 해보았어요 말린 라벤더 꽃은 아름다운 장식을 하는데 한결 우아한 느낌을 전해준답니다.

계피 향이 좋은

진저브레드 케이크
Snowy Gingerbread Cake

크리스마스 시즌이 다가오면 미국의 상점에 들어설 때마다 공통적으로 맡을 수 있는 여러 향신료가 섞인 독특하고 강한 향이 있답니다. 그중 하나가 바로 계피 향이에요. 그리고 크리스마스 음식 가운데 빼놓을 수 없는 디저트 가운데 진저브레드gingerbread가 있답니다. 역시 계피와 생강 그리고 클로브의 향이 강하게 느껴지는 빵이에요. 부드럽게 빵처럼 만들어 먹기도 하고, 바삭바삭하게 구워 쿠키로 먹기도 해요. 진저브레드는 11세기부터 유럽에서 만들어 먹기 시작했고, 미국에는 19세기에 유럽에서 이주해온 사람들이 만들어 먹기 시작했다고 해요. 제가 소개해 드리는 레서피는 프랑스 잡지에 소개된 '로타의 크리스마스 홈Lotta's Christmas Home' 에 있는 레서피를 조금 수정한 거예요. 강한 향을 별로 좋아하지 않는 큰아이를 위해 클로브를 빼고 슈퍼마켓에서 구하기 힘든 링고베리 마멀레이드 대신 같은 베리 종류인 라즈베리 잼을 넣어 만들었답니다. 그랬더니 계피 향과 라즈베리 향이 은은하게 어우러진 케이크가 완성됐어요. 크랜베리 잼이나 구하기 쉬운 딸기 잼으로 만들어도 될 것 같아요.

중력분 2컵(280g)·계핏가루 1ts·생강가루 1ts·베이킹
파우더 1ts·설탕 130g·달걀 1개·우유 150ml(145g)·
녹인 버터 50g·라즈베리 잼 120g·화이트 초콜릿 또는
화이트 캔디(드롭 화이트) 적당량·버터 약간
* **슈거 아이싱** : 슈거 파우더 1컵·우유 2TS
* **구겔호프 팬 3호**(22X8cm 크기)

1 오븐을 180℃(350℉)로 예열해주세요.
2 믹싱 볼에 중력분+계핏가루+생강가루
+베이킹파우더를 함께 체에 두 번 내리세요.
3 다른 믹싱 볼에 설탕+달걀을 넣고 핸드 믹서로 크
림빛이 날 때까지 돌려요.
4 ②에 우유+녹인 버터를 넣고 실리콘 주걱으로 잘
섞은 후 핸드 믹서를 이용해 낮은 속도로 반죽이 잘 섞
이도록 돌리세요. 여기에 라즈베리 잼을 넣어 실리콘
주걱으로 잘 섞으면 반죽이 완성돼요.
5 구겔호프 팬 안쪽에 버터를 녹여 충분히 바른 후 밀
가루를 살짝 뿌리고 ④의 반죽을 부어요. 이때 반죽을
팬의 가운데 부분에 부으면서 저절로 팬 전체에 퍼지
도록 두었다가 팬을 바닥에 쿵쿵 내리치세요.

6 예열한 오븐에 팬을 넣어 40~45분 동안 구워요. 젓
가락으로 가장 깊은 곳을 찔러보아 아무것도 묻어나지
않으면 잘 구워진 거예요. 다 구워진 케이크는 완전히
식힌 후에 케이크 틀에서 빼내세요.
7 슈거 아이싱 -볼에 슈거 파우더+우유를 고루 섞어요.
8 케이크가 부풀어 오른 부분을 평평하게 자르고 물결
모양이 위로 올라오도록 뒤집은 뒤 식힌 케이크 위에 슈
거 아이싱을 예쁘게 뿌린 후 화이트 초콜릿이나 화이트
캔디를 칼로 얇게 저미서 솔솔 뿌려요. 화이트 초콜릿은
약간 노란빛이 나지만 화이트 캔디는 좀 더 하얀색이 나
서 케이크 위에 뿌리면 더 예뻐요. 화이트 캔디는 온라
인으로 구매할 수 있어요.

TIP !

케이크를 잘랐을 때 케이크 안에 작은 구멍이 생긴 적
없으신가요? 이것은 반죽을 팬에 부을 때 공기 방울이
생겨서 그런 거랍니다. 이것을 최소화하기 위해서는 반
죽을 팬의 가운데에 부으면서 전체로 퍼지게 그냥 두
세요. 그러고 나서 반죽을 부은 팬을 바닥에 가볍게 쿵
쿵 내리치세요.

4

4

5

6

중력분 2컵(280g) · 통밀가루 2컵(300g) · 베이킹파우더 2ts · 베이킹 소다 1ts · 설탕 2TS · 소금 1ts · 달걀 1개 · 플레인 요구르트 2컵 (500ml) * 쿠키 팬

5

 **1** 오븐을 190℃ (375℉)로 예열하세요.

2 중력분+통밀가루+베이킹파우더+베이킹 소다+설 탕+소금을 한데 고운체에 쳐요.

3 믹싱 볼에 달걀+플레인 요구르트를 넣어 핸드 믹서로 돌려요.

4 ②+③을 고루 섞으세요.

5 반죽이 잘 뭉쳐질 때까지 손으로 1~2분 정도 가볍게 반죽한 후 5cm 높이로 넓적하고 둥그런 모양으로 빚은 다음 윗부분에 칼로 열 십자 모양의 칼집을 내세요. 칼집을 살짝 내면 꽃봉오리 모양이 되고, 깊게 내면 활짝 핀 꽃처럼 구워져요.

6 예열한 오븐에 넣어 40~45분 정도 구워요. 구워낸 빵에 하얀 밀가 루를 솔솔 뿌리세요.

발효하지 않아도 되는

아이리시 블러섬 소다 브레드
Irish Blossom Soda Bread

하루는 달콤한 케이크가 아닌 소박한 빵을 구워보고 싶어 구글에서 레서피를 검색하던 중에 아이리시 소다 브레드라는 빵을 발견했답니다. 빵도 맛있어 보였지만 소다 브레드라는 특이한 이름에 호기심 같은 것이 발동했지요. 그래서 굽기 전에 소다 브레드에 대해 자료 조사를 좀 해보았답니다. 아일랜드 사람들이 오래전부터 주식으로 아침에 많이 구워 먹은 빵이라고 하더군요. 그순간 '아니? 바쁜 아침 시간에 어떻게 빵을 구워 먹을까?' 하는 의구심이 들었어요. 그런데 레서피를 자세히 보니 반죽하는 시간도 길지 않고 여느 빵처럼 이스트를 넣고 부풀리는 과정이 없어 손쉽게 빨리 만들 수 있겠더라고요. '준비 과정 10분! 굽는 시간 40분!' 모두 50분이면 따끈하고 맛있는 빵이 완성된답니다. 평소보다 조금만 일찍 일어나 오븐에 반죽을 넣으면 가족들이 갓 구운 따끈따끈한 빵을 먹을 수 있는 거지요. 그래서 아일랜드 사람들이 아침에 구워 먹는다는 따뜻한 빵을 저도 만들어보고 싶은 생각이 들었답니다.

소다 브레드는 두 가지 타입이 있어요. 오븐에 굽는 케이크 소다 브레드cake soda bread와 반죽을 4등분하여 두꺼운 팬에 굽는 팔 소다 브레드farl soda bread. 저는 케이크 타입으로 구웠는데 통밀가루를 함께 사용하니 아주 고소하더라고요. 그런데 반죽에 십자형 칼집을 너무 깊게 냈나 봐요. 제가 기대한 것은 꽃봉오리가 수줍게 살짝 벌어진 것 같은 모양이었는데, 오븐을 연 순간 얼마나 놀랐던지요. 뜨거운 오븐 속에 빵 꽃이 활짝 피어 있지 뭐예요. 그 모습이 마치 만개한 꽃과 같아서 빵 이름을 '블러섬blossom 소다 브레드'라고 지었답니다. 예쁘지요? 구워내자마자 바삭거리는 겉과 보드라운 빵 속을 함께 먹으면 너무 맛있어요. 하루가 지나면 빵 겉면이 바삭거리지 않는데 이럴 땐 오븐에 넣어 덮개 없이 살짝 구우면 다시 새로 구운 빵처럼 돼요. 발효 과정이 어렵다고 느끼는 분에겐 이보다 더 좋은 레서피가 없을 것 같아요. 그리고 커피나 차 혹은 우유 한잔과 함께 아일랜드식 아침 식사를 경험해보고 싶은 분이라면 꼭 만들어보세요.

고소한

세서미 디너롤
Sesame Dinner Rolls

집에서 만들어 먹는 디너 롤은 부드러운 질감에 고소한 맛까지 있어 제가 참 좋아하는 빵이에요. 손으로 반죽할 필요가 없어 비교적 손쉽게 만들 수 있답니다.

 1 따뜻한 물+드라이 이스트를 섞은 후 5분 동안 그대로 두세요.

2 커다란 볼에 설탕+녹인 버터+달걀+소금을 거품기로 섞어요.

3 ②에 중력분을 넣어 고무 주걱으로 섞은 후 ①을 넣어 고무 주걱으로 가볍게 섞으면 조금 질척한 반죽이 완성돼요. 반죽 위에 녹인 버터를 브러싱해주세요.

4 1차 발효-반죽 위에 랩을 씌우고 반죽 그릇보다 더 넓은 그릇에 따끈한 물을 붓고 반죽 그릇을 넣어 1시간 정도 반죽이 두 배로 커질 때까지 1차 발효를 시켜요. 물이 식으면 중간에 따끈한 물로 두세 번 갈아주세요.

5 두 배로 커진 ④의 반죽을 주먹으로 눌러 공기를 빼고 넓은 바닥에 밀가루를 뿌린 다음 반죽을 올려놓아요. 손으로 살짝 주무른 후 반죽을 길쭉하게 만든 다음 9등분하세요.

6 놋쇠 팬이나 원형 베이킹 팬에 버터를 바르고 9등분한 반죽을 작은 공 모양으로 빚어 가지런히 올려놓아요.

7 오븐을 200℃(400℉)로 예열하세요.

8 2차 발효-반죽 위에 랩을 씌운 후 따뜻한 곳에서 (오븐 위) 반죽이 두 배로 부풀어 오를때까지 30~40분 정도 2차 발효를 해요.

9 잘 부푼 반죽 위에 녹인 버터로 브러싱을 한 후 참깨와 검은깨를 솔솔 뿌리고 예열한 오븐에 넣어 17~20분 정도 갈색이 될 때까지 구워요.

* 9개 분량
더운물 1컵·드라이이스트 7g·
설탕 30g·녹인 무염 버터 2TS(30g)
·달걀 1개·소금 1/4ts·중력분 3컵
(520g)·참깨·검은깨 약간씩
* 23cm 놋쇠 팬(cast iron pan)
혹은 원형 베이킹 팬

어느 여름날의 소망…

창이많은집 이면 좋겠다….

창틀이 낡고 오래되었어도

그 창이 햇볕이 잘 드는 남향이면 더 좋겠고….

그 창을 통해

매일 아침 예쁜 새소리를 들으며 하루를 시작하고

싱그러운 푸른 나무를 늘 많이 볼 수 있는,

그런 소박한 창이면 좋겠다….

그런 창을

늘 가슴속에 안고 살면 좋겠다….

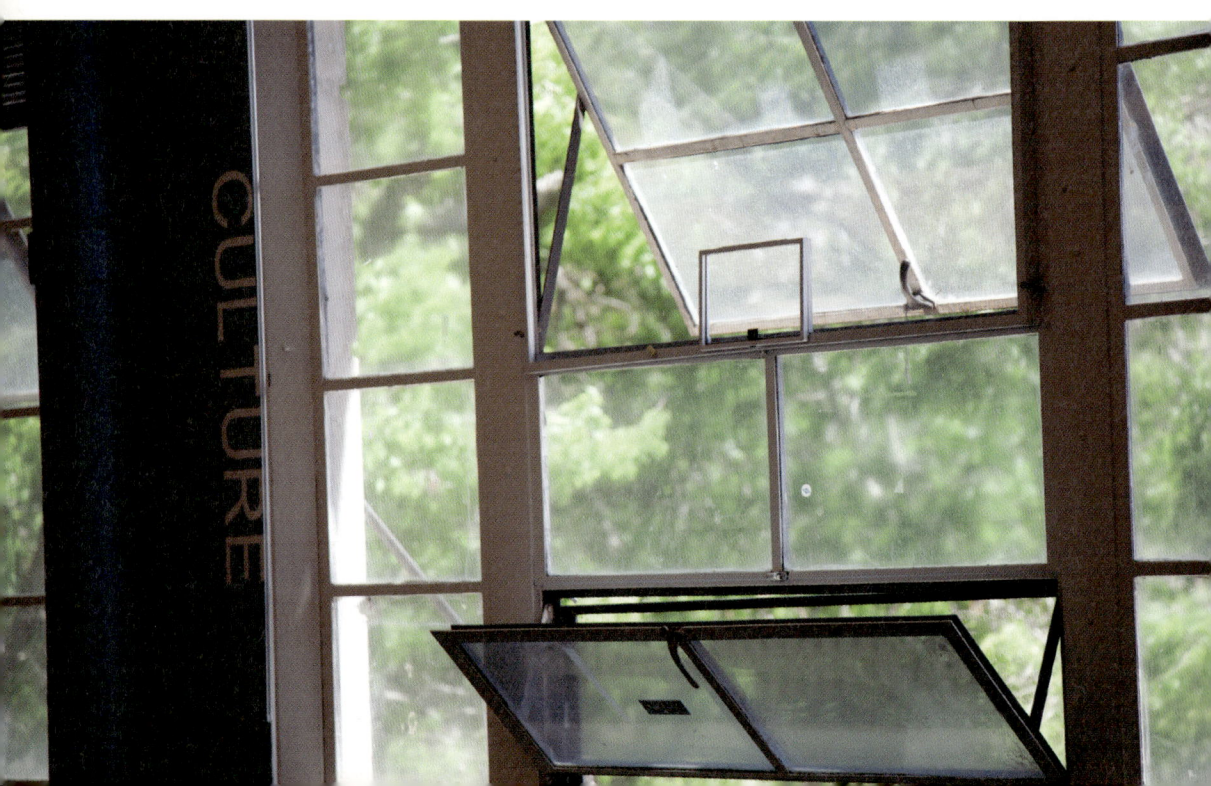

즐거운 상상

Desserts

 달콤한
블루베리 시나몬 롤
Blueberry Cinnamon Rolls

지헌이가 시나몬 롤이 먹고 싶다고 해서 냉동 시나몬 롤 반죽을 사온 적이 있답니다. 그러던 어느 늦은 밤, 갑자기 시나몬 롤이 먹고 싶다는데 제가 바빠서 구워주지 못하고 지헌이가 직접 냉동 반죽을 꺼내 오븐에 넣고 구웠답니다. 그런데 안타깝게도 경험 부족으로 너무 오래 구워 과자처럼 바삭바삭하게 되고 말았어요. 맛없게 구워졌는데도 지헌이가 얼마나 먹고 싶었던지 한 접시 가득 구운 롤을 다 먹더라고요. 엄마가 맛있게 구워주지 못한 미안한 마음과 맛없는 시나몬 롤을 순식간에 다 먹은 지헌이에 대한 안타까운 마음에 저는 다음 날 일어나자마자 인터넷에서 레서피를 찾아 처음 만들어보는 시나몬 롤에 도전해보았어요.
반죽을 하고 발효를 시켜 모양을 만든 다음 굽기 시작했어요. 평소에는 과정이 복잡해 보여 시도조차 안 한 시나몬 롤이었는데 말이에요. 이상하게도 아이들이 먹고 싶다는 건 어디서 그런 용기가 생기는지 모르지만 꼭 만들게 되더라고요. 그렇게 처음 만들어본 시나몬 롤인데 지헌이가 아주 맛있다며 잘 먹은 기억이 납니다. 지난번 지헌이 생일에는 시나몬 롤에 말린 블루베리를 넣어 만들어주었답니다. 평소에 좋아하지 않는 블루베리를 시나몬 롤에 살짝 넣어 만들어주니 맛있다고 하네요.

* 24개 분량
* **반죽** : 이스트 1/4oz(7g) · 더운물 1/2컵 · 우유
1/2컵 · 설탕 1/4컵 · 녹인 버터 5TS · 소금 1/2 ts ·
달걀 1개 · 중력분 4컵(560g)
* **필링** : 실온에서 부드러워진 버터 1/2컵(113g) ·
황설탕 1/2컵 · 계핏가루 2TS · 말린 블루베리
(혹은 건포도) 1/2컵 · 호두 1/2컵
* **슈거아이싱** : 슈거 파우더 2컵 · 물 3TS
* 사각 베이킹 팬 2개 (20×30cm 크기)

 1 볼에 이스트+더운물을 섞은 후
5분 정도 그대로 두세요.

2 믹싱 볼에 우유+녹인 버터+설탕+소금+
달걀을 넣어 핸드 믹서로 돌린 후 여기에 중력
분 2컵을 넣어 섞고 ①+남은 중력분 2컵을 넣
어 고무 주걱이나 핸드 믹서로 낮은 속도로 고
루 섞어주세요.

3 **1차 발효** – 손으로 공 모양을 빚은 후 믹싱 볼
안쪽에 기름칠을 한 후 공 모양 반죽을 넣어 랩
을 씌워주세요. 반죽을 넣은 그릇보다 더 큰 그
릇에 따끈한 물을 충분히 담고 그 안에 반죽 그
릇을 넣어(중탕) 두 배로 커질 때까지 1시간
정도 그대로 두세요

4 **필링** – 작은 볼에 황설탕+계핏가루를 골고
루 섞어요.

5 반죽이 두 배로 부풀어 오르면 오븐을 180°

C(350℉)로 예열하세요.

6 부풀어오른 반죽을 주먹으로 눌러 공기를
빼고 가볍게 반죽한 후 2등분하여 길쭉한 모
양으로 2개를 만들고 밀대로 각각 밀어주세
요. 이때 직사각형 모양(33×40cm)으로 얇게
밀어요. 그 위에 필링 버터 양의 절반(4TS)
을 전체에 골고루 바르고 남은 ④의 절반을 골
고루 뿌려요. 그 위에 블루베리와 잘게 다진 호
두 절반을 뿌려요. 남은 필링은 또 다른 반죽을
밀어 만들 때 사용해요.

7 필링을 뿌린 ⑥의 반죽을 두 손으로 둘둘 말
아요. 남은 반죽도 같은 방법으로 만들어요. 그
리고 필링을 넣고 둘둘 만 2개의 반죽을 칼로
3cm 두께로 잘라요. 2개의 베이킹 팬에 버터
를 바른 다음 반죽을 3cm 간격으로 올려 놓
아요.

8 **2차 발효** – 베이킹 팬을 랩으로 씌우고 따뜻
한 곳(오븐 위)에서 반죽이 충분히 부풀어오
를 때까지 45분 정도 2차 발효를 시켜요.

9 예열한 오븐의 중간 위치에 두 개의 베이킹
팬을 나란히 놓고 12~15분 정도 갈색이 될 때
까지 구워요.

10 **슈거아이싱** – 슈거 파우더+물을 섞어요.

11 시나몬 롤이 미지근하게 식은 후 아이싱
을 적당히 끼얹어주세요.

초콜릿 머그 케이크
Chocolate Mug Cake

하루는 경아가 전자레인지로 간단하게 미니 머그 케이크를 만드는 레서피를 메일로 보내주었답니다. 머그에 만들어 먹는다는 점에 끌려 바로 만들어본 케이크는 찔깃거리고 맛이 없었어요. 부지런한 경아는 실망한 저를 위해 또 다른 레서피를 보내주었어요. 이번엔 촉촉한 케이크가 만들어질 것 같다면서요. 한번 실패한 저는 한동안 레서피를 방치해두었어요. 그러던 어느 날, 갑자기 달콤한 케이크는 먹고 싶고 제대로 오븐에 구워 먹자니 조금은 귀찮고 해서 결국 잠자고 있던 레서피를 꺼내 만들어보게 되었답니다. 완성한 케이크는 정말 훌륭했어요. 생크림과 함께 입에서 녹아내리는 촉촉하고 달콤한 케이크가 너무도 쉽고 빠르게 5분 만에 뚝딱 만들어지더라고요.

미국에는 대부분의 아파트에 오븐이 기본으로 있을 정도로 베이킹이 생활 깊숙이 자리 잡고 있어요. 그래서인지 미국 청소년들은 어려서부터 가정에서 베이킹을 많이 해보면서 자란답니다. 처음 집을 떠나 가족과 떨어져 생활하는 대학교 기숙사에서 학생들이 집에서 만들어 먹던 케이크가 먹고 싶을 때 간단히 기숙사 내에 있는 전자레인지로 머그를 이용해 만들어 먹는다고 해요. 저는 원래 레서피보다 설탕과 기름의 양을 푹 줄이고 만들었어요. 생크림을 얹어 먹기 때문에 케이크가 많이 달지 않아도 될 것 같아서요. 꼭 생크림을 가득 얹어서 드세요. 입안 한 가득…, 초콜릿과 생크림 그리고 계피 맛이 함께 어우러지는 케이크로 조금은 지친 나른한 오후에 작은 행복을 느껴보세요.

* 1인분
중력분 1TS·설탕 2TS·바닐라 익스트랙 1/4ts·식용유 2TS·달걀흰자 1개 분량·우유 3TS·코코아 파우더 2TS·계핏가루 약간
* 생크림 : 휘핑크림 1/2컵·슈거 파우더 1/3컵·바닐라 익스트랙 한두 방울
* 전자레인지용 머그

 1 생크림 – 휘핑크림+슈거파우더+바닐라 익스트랙을 핸드 믹서로 오래 돌려요.
2 작은 믹싱 볼에 중력분+설탕+바닐라 익스트랙+식용유+달걀흰자를 넣어요.
3 따뜻하게 데운 우유에 코코아 파우더를 넣어 잘 녹인 후 ②에 넣으세요.
4 ③을 핸드 믹서로 빠른 속도로 2분 동안 잘 섞은 후 전자레인지용 머그에 담아 2분 만 돌리면 완성돼요. 케이크를 미지근하게 식힌 다음 생크림을 얹고 계핏가루를 솔솔 뿌려요.

TIP !
꼭 핸드 믹서로 섞어야 케이크가 부드럽게 만들어져요.

TIP ! 이렇게도 응용해보아요!

4

초콜릿 머그 케이크 재료에 **피칸 1TS, 빨간 색소 2ts** 을 넣어 레드 벨벳 초콜릿 피칸 머그 케이크를 만들어보았어요. 머그에서 케이크를 꺼내 예쁘게 포장해 선물해보세요.

레드 벨벳 초콜릿 피칸 머그 케이크
Red Velvet Chocolate Pecan Mug Cake

매리 캐사트(Mary Cassat)

내가 그린 첫 번째 그림 이야기

2D 디자인 수업을 통해 처음 접한 매리 캐사트(Mary Cassat, 1844~1926)의 미술 작품 속에 푹 빠지게 되었다. 그는 주로 엄마와 아기들을 모델로 그림을 그린 미국의 인상파 여류 화가다. 그의 풍부한 색감을 보고 있노라면 저절로 마음이 편안해지는 너무 예쁜 그림들….

2D 디자인 수업의 첫 번째 과제는 좋아하는 그림을 한 부분만 잘라서 그 부분을 흑백 아크릴 물감으로 페인팅하는 것이었다. 학교 도서실에서 여러 화가의 그림들을 찾아보던 중 매리 캐사트의 그림을 처음 접하게 되었다. 그녀의 그림 속 엄마와 아가들의 모습은 너무나 따뜻했다. 중학교 때 수채화를 그려본 것을 끝으로 아크릴 물감을 처음 접한 나는 용감하게도 매리 캐사트가 가장 즐겨 그렸다는 사라의 얼굴 부분을 그려보기로 했다. 얼굴 표현이 그렇게 힘든 것인 줄 알았다면 아마 다른 그림을 그렸을 것이다. 최선을 다했지만 매리 캐사트의 손끝에서 채색된 수줍은 미소의 귀여운 꼬마 여자아이는 결국 내 손에서 어정쩡한 얼굴로 변해버렸다. 하지만 처음 그려보는 실력이니 이 정도에 만족하려 한다. 점점 더 나아질 거라는 희망을 품고….

매리 캐사트…, 포근하고 따뜻한 감성을 지닌 그녀의 그림들이 너무나 좋다.

정혜경, '귀향(Going Home)', 캔버스에 아크릴

귀향, 나의 두 번째 그림 이야기

나의 두 번째 페인팅은 집에서 가까운 거리에 있는 호스투스 마운틴 Horsetooth Mt.에서 찍은 사진을 그림으로 옮긴 것이다. 산 위에서 작은 마을이 내려다보였는데 그곳에서 마을 어귀로 걸어 들어가고 있는 한 남자의 모습을 담은 사진이었다. 내가 참 아끼던 사진이라 그림 같은 이 사진을 직접 내 손으로 그려보고 싶은 마음도 있었고, 보기에 단순해 보이는 사진이라 페인팅 초보인 나로서는 쉽게 도전할 수 있을 거란 기대도 적잖았다. 그런데 나의 예상과는 달리 그림 그리는 작업은 역시 만만찮은 내공을 필요로 하는 일이었다. 작업하는 내내 나의 인내심과 무던히도 싸워야 했고, 세심한 부분까지 관찰하며 신경을 많이 써야 했다. 처음엔 단순해 보이기만 하던 풍경이 그릴수록 손이 많이 갔다. 3시간이 걸려서야 간신히 집 한 채를 완성하는 느림보 작업 끝에 몇 날 며칠 오랜 시간 매달려 겨우 완성할 수 있었다. 밑그림을 그리고, 조금씩 조금씩 색을 칠하면서 완성도가 높아지고, 결국 대충 마무리는 했지만 아직도 손볼 곳이 많은 미완성 작품인 듯하다. 마을의 집을 그리다가 몇 년 동안 살면서 그저 스쳐 보던 이곳의 집 구조를 알게 되는 것도 재미있었지만 무엇보다 작업하는 내내 힘든 시간을 견딜 수 있었던 건 조금씩 조금씩 내 붓 끝에서 완성되는 그림과 내가 마치 그림 속에 들어가 있는 듯한 느낌 때문이 아니었을까 싶다.

그림 한 점을 그리면서 참 많은 걸 느끼게 됐다. 인생도 그림 그리는 작업과 비슷한 것 같다. 밑그림을 그리고, 좋은 그림을 완성하기 위해 조금씩 조금씩 색을 입혀나가지만 완성된 그림은 없다는 것. 늘 미완성이지만 그것조차 많은 인내심이 필요하다는 것. 그 과정을 즐기면서 이겨낼 수 있다면 그 또한 헛되지는 않을 거라는, 뭐 그런 것….

어려서부터 하고 싶은 것이 있었는데, 그건 바로 미술이었다. 학교에서도 미술 과목이 제일 재미있었지만 부모님의 뜻에 따라 첼로를 전공했다. 그러나 음악을 공부하면서도 미술에 대한 관심을 계속 내 안에 품고 살아왔다. 늦은 나이에 공부할 수 있는 기회가 다시 주어지면서 새로운 것을 배워보고 싶었던 나는 그동안 해온 음악을 잠시 접고 그래픽 디자인 공부를 시작했다. 마지막 학기에 들은 2D 디자인 수업에서 처음 접한 아크릴 컬러 페인팅…. 나는 단번에 페인팅의 매력에 깊숙이 빠졌고, 나의 첫 컬러 페인팅인 '귀향 Going Home'은 다른 많은 학생들의 작품 가운데 선택되어 '스튜던트 아트 쇼 Student Art Show'에 전시되는 행운까지 얻게 되었다. 게다가 나의 작품이 1위로 뽑히는 영광까지 누리게 되어 그저 어리둥절하기만 하고, 너무나 기쁘고 행복했다.

초보자로서 완성하는 내내 너무 힘들었고, 오랜 시간에 걸쳐 정성스레 나의 온 힘을 쏟아 부은 작품이기에 애착도 많이 간다. 나에게 이 좋은 달란트를 주신 하나님께 한없이 감사하다. 살아가면서 내가 즐기며 행복하게 할 수 있는 일이 또 한 가지 생겼다는 것이 얼마나 내게 행복을 주는 일인지 새삼 느끼며, 이런 행복을 찾게 해주신 하나님께 그저 감사할 따름이다.

달콤한
초콜릿 수플레
Chocolate Souffle

학교 작업실에서 살다시피 하던 경아가 작업을 모두 마치고 집에 돌아왔답니다. 그동안 많이 힘들었던지 집에 와서 계속 찾는 게 초콜릿이 들어간 달콤한 디저트였어요. 그래서 며칠 전에 만들어 먹은 초콜릿 수플레를 바로 만들어주었죠. 작은 용기에 한 그릇 만들었더니 아주 맛있게 먹더라고요. 얼굴에 시종일관 행복한 미소를 지으면서 말이에요.

초콜릿 수플레는 참 기특한 녀석인 것 같아요. 스트레스 받을 때나 피곤할 때, 혹은 달콤한 것이 먹고 싶을 때 촉촉한 초콜릿 수플레를 만들어보세요. 오븐에서 나올 때의 봉긋 솟아오른 수플레의 모습을 보는 것만으로도 아이처럼 기분이 좋아진답니다. 한 스푼 퍼올릴 때의 설렘, 그리고 입안에서 퍼지는 달콤함…. 제가 단순해서일까요? 그 순간 모든 스트레스나 피곤함이 싹 사라지는 것 같답니다.

미니 오븐 용기 2개 분량의 레서피라서 간편하게 만들어 먹기 좋아요. 혼자 있을 때 갑자기 달콤한 디저트가 먹고 싶거나 반가운 친구가 놀러 왔을 때 쉽고 근사하게 만들어 수플레의 달콤함을 함께 즐겨보세요.

1 오븐을 150℃(300℉)로 예열하세요.

2 믹싱 볼에 달걀노른자+휘핑크림+중력분+타르타르 크림+계핏가루를 섞어 주세요.

3 초콜릿 칩을 전자레인지에서 1분 40초 정도 녹여요. 20초씩 늘려가면서 녹을 때까지 돌려요.

4 ②+③을 고루 섞으세요.

5 미니 베이킹 그릇 안쪽에 버터를 바르고 설탕을 그릇 안쪽에 골고루 뿌리세요.

6 **머랭** –달걀흰자를 핸드 믹서로 거품 상태가 단단해지기 시작할 때까지 돌리다가 소금과 설탕을 넣고 좀 더 단단해질 때까지 돌리세요. 핸드 믹서를 들어올려서 머랭이 뾰족한 형태로 들어올려지면 잘 만들어진 거랍니다.

7 ④에 머랭을 절반 넣고 조심스레 섞은 후 나머지 반을 넣어 포개듯이 살살 섞으세요.

8 미니 베이킹 그릇에 ⑦의 반죽을 담아 예열한 오븐에 넣어 20분 정도 구워요. 수플레는 오븐에서 나오면 금세 가라앉으니 꺼내자마자 슈거 파우더를 재빨리 뿌린 후에 드세요.

초콜릿 칩 71g · 달걀노른자 1개 분량 · 휘핑크림 1TS · 중력분 2ts ·
타르타르 크림 1/4ts · 계핏가루 1/8ts [슈거 파우더 · 버터 · 설탕 약간씩]

* **머랭** : 달걀흰자 2개 분량 · 소금 1/8ts · 설탕 2ts

* 오븐용 미니 그릇 2개

추억의
뉴욕 치즈케이크
New York Cheesecake

경아의 생일을 맞아 아이가 좋아하는 치즈케이크를 만들어주었답니다. 밤 11시가 넘은 늦은 시각에 전화선을 타고 들려오는 "엄마! 치즈케이크 먹고 싶어요"라는 경아의 한마디에 바로 재료 준비하고 굽기 시작해 새벽에 완성했답니다. 오래전 뉴욕에서 음악 공부를 할 때 처음 먹어본 치즈케이크의 맛을 생각나게 하는 바로 그 맛이랍니다. 그때는 한국에 치즈케이크가 흔하지 않던 때였어요. 미국에서 처음 맛본 치즈케이크에 반해서 한 자리에서 저 혼자 케이크의 2/3 분량을 먹은 기억이 나요. 그러고 나서 배가 아파 고생을 했지만요. 그 정도로 맛있게 먹은 추억 속의 치즈케이크라 그런지 아직도 그 맛을 잊을 수 없답니다.

뉴욕 치즈케이크의 주된 재료는 순수하게 치즈와 달걀, 설탕이에요. 그 외의 다른 특별한 재료는 들어가지 않고 케이크 위에 아무것도 올리지 않는 것이 특징입니다. 1900년대에 치즈케이크는 뉴욕에서 아주 인기가 많았다고 합니다. 치즈케이크를 정말 제대로 만드는 사람은 뉴욕에 있다고 할 정도로 치즈케이크에 대한 뉴요커의 자부심이 대단한 것 같아요. 뉴욕에서 치즈케이크를 만들기 전까지 사람들이 먹던 치즈케이크는 치즈케이크가 아니라고 이야기할 정도라니까요. 처음 치즈케이크를 만든 것은 경아였어요. 친구 생일 선물로 구웠죠. 경아도 저도 치즈케이크를 예쁘게 잘 굽는 방법을 모른 채 구운 터라 케이크 위가 너무 많이 부풀어오르고, 갈라지고…. 겉모습이 참 안쓰러웠답니다. 울상이 되어버린 경아에게 걱정 말라고 하고는 부풀어 오른 윗부분을 잘라내고 생크림을 만들어 케이크 위에 발라주었어요. 그리고 마지막 케이크 장식은 경아가 예쁘게 마무리했는데 정말 너무 아름다웠답니다. 선물을 받은 친구도 너무 좋아해서 그 후에도 선물할 일이 생기면 경아는 치즈케이크를 구워 선물하곤 한답니다. 경아와 제가 아주 좋아해서 그동안 가장 많이 구운 케이크예요.

모양만 보면 갈라지고 부풀어 오른 실패작일 수도 있지만 그 덕분에 뉴욕 치즈케이크 원래의 모습과는 다르게 케이크 위를 데커레이션하게 되었고, 이제는 예쁘게 장식하는 재미가 더 커진 것 같아요. 선물로 받는 분도 예쁘다며 더 좋아하고요. 경아와 제가 그동안 만들어본 뉴욕 치즈케이크를 소개합니다.

5

6

버터 약간 · 생크림 · 화이트 초콜릿 · 다크 초콜릿 · 과일
적당량씩

* **크러스트** : 잘게 부순 쿠키(계란 과자 · 다이제스티브) 2컵
(20g) · 설탕 1/4컵(50g) · 녹인 버터 1/2컵(114g)

* **필링** : 크림치즈 32oz(907g) 1kg · 설탕 1컵(200g) · 휘핑
크림 1/3컵(80㎖) · 중력분 3TS(35g) · 실온 보관 달걀 5개 ·
레몬즙 1TS · 바닐라 익스트랙 1ts

* 20×5cm 크기 원형 팬(분리형)

 1 오븐을 180℃(350℉)로 예열하세요.

2 크러스트—푸드 프로세서로 쿠키를 잘게 부
숴요. 볼에 쿠키+설탕+녹인 버터를 섞으세요.

3 녹인 버터를 팬에 바르고 ②를 평평하게 깐 다음 커버를
씌워 필링을 만들 동안 냉장고에 넣어 보관하세요.

4 필링—큰 믹싱 볼에 크림치즈+설탕+휘핑크림+중력분
을 넣고 핸드 믹서로 2분 동안 부드러워질 때까지 돌리세
요. 달걀을 한 번에 1개씩 넣으면서 30초씩 돌린 다음 레몬
즙+바닐라 익스트랙을 넣어 고무 주걱으로 섞어요.

5 크러스트 팬에 필링을 담고 바닥에 팬을 쿵쿵 내리친
후 예열한 오븐에 넣고 물을 담은 그릇도 함께 넣어 구워
요. 15분간 구운 뒤 다시 120℃(250℉)로 온도를 내려 1시
간 30분 정도 구우세요. 단, 중간에 오븐을 열지 마세요.

6 다 구운 치즈케이크의 모습은 손으로 만졌을 때 푸딩처
럼 살짝 흔들리지만 식으면서 단단해져요. 물이 담긴 그릇
과 함께 오븐 안에 케이크를 그대로 둔 채 오븐 문을 조금

열어둔 상태로 식혀요. 이렇게 하면 케이크가 갈라지고 푹
꺼지는 것을 최소화 할 수 있답니다. 식은 케이크는 커버
를 씌워 냉장고에 하루 보관했다 먹으면 가장 맛있는 상태
의 치즈케이크가 된답니다.

7 케이크 장식—케이크 위에 생크림을 바르고 화이트 초
콜릿과 다크 초콜릿을 뿌리고 좋아하는 과일을 얹으세요.
(생크림은 생략해도 돼요.)

크림 치즈케이크를 예쁘게 굽는 방법

1 달걀과 크림치즈는 실온 보관한 것을 사
용해야 해요. 차갑게 사용하면 케이크 모양
이 솟아 올라요.

2 크림치즈와 설탕 등의 재료를 핸드 믹서로
돌릴 때 2분 이상 돌리지 마세요.

3 물을 담은 오븐용 그릇을 함께 넣고 구워요.

4 식힐 때는 오븐 문을 조금 열고 오븐 안에
그대로 둔 채 서서히 식혀요.

5 위의 팁을 모두 지켜 구워도 식는 과정에
서 케이크가 갈라지는 경우도 간혹 있어요.

경아가 만든 치즈케이크

가벼운 디저트

펌프킨 치즈케이크
Pumpkin Cheesecake

추수감사절에 우리 가족이 맛있게 먹은 펌프킨 치즈케이크랍니다. 매년 펌프킨 파이를 구웠는데 색다른 디저트가 없을까 하고 구글에서 레서피를 찾던 중, '바로 이거야!' 하는 디저트를 찾았지요. 단호박과 크림치즈를 섞어 만든 펌프킨 치즈케이크예요. 레서피는 맛이 너무 강하지 않고 많이 달지 않게 제가 조금 변형했답니다. 그리고 보통 치즈케이크보다 얇게 구워서 식사 후 가볍게 디저트로 즐기기에 아주 적당하도록 만들었어요. 단호박과 치즈를 혼합해 많이 느끼지 않고 적당히 고소하면서 단호박 맛이 나는 맛있는 디저트예요.

슈거 파우더·휘핑크림 적당량씩
* **크러스트** : 잘게 부순 쿠키(계란 과자·다이제스티브) 1컵(100g)·다진 피칸 2TS·설탕 2TS·소금 약간·녹인 버터 2TS(30g)
* **펌프킨 크림치즈 필링** : 실온 보관 크림치즈 8oz(225g)·흰 설탕 1/4컵(30g)·황설탕 1/4컵(50g)·쪄서 으깬 단호박(펌프킨 퓌레) 7oz(약 198g)·실온 보관 달걀 2개·바닐라 익스트랙 2ts·계핏가루 1/2ts·너트메그 1/4ts·소금 1/4ts *지름 20cm 타르트 팬 3호

1 오븐을 180℃(350℉)로 예열하세요.

2 크러스트—쿠키와 피칸을 각각 푸드 프로세서에 갈아놓아요. 믹싱 볼에 잘게 부순 쿠키+피칸+설탕+소금을 담아 섞으세요. 여기에 녹인 버터를 넣어 포크로 잘 섞어요.

3 타르트 팬에 버터를 바르고 크러스트 재료를 담아 손으로 잘 다독인 다음 예열한 오븐에 넣어요. 5~8분 정도 약간 갈색이 될 때까지 구운 뒤 차갑게 식히세요.

4 필링—단호박을 쪄서 으깨요. 믹싱 볼에 크림치즈+흰 설탕+황설탕을 담은 후 핸드 믹서로 잘 섞일 때까지 돌리고 으깬 단호박을 넣어 핸드 믹서로 다시 돌려요. 달걀을 한 번에 1개씩 넣어 손 거품기로 살살 섞은 다음 바닐라 익스트랙+계핏가루+너트메그+소금을 넣어 잘 섞어요.

5 ③에 ④의 필링을 담으세요. 오븐 제일 아래 칸에 물을 담은 오븐용 그릇을 놓고 중간 위치에 치즈케이크 팬을 올려 예열한 오븐에서 50~55분 정도 구워요.

6 치즈케이크를 차갑게 식힌 후 슈거 파우더를 솔솔 뿌린 다음 휘핑크림을 얹어 드세요.

달콤한 크림
파인애플 토르테
Sweet Pineapple Torte

다양한 종류의 케이크를 만들기 시작하면서 토르테 torte 라는 케이크가 있다는 것을 처음으로 알게 되었어요. 베이킹 전문가가 아닌 저는 어려운 레서피 이름을 보면 '아마 만드는 방법도 어려울 거야'라고 미리 단정지어버리는 습관이 있었어요. 그래서 파인애플 토르테라는 생소한 용어를 접하고는 '과연 내가 이걸 만들수 있을까?' 라는 걱정이 먼저 앞섰답니다. 그러고는 먼저 토르테에 대해 조사를 해보았어요. 토르테는 유럽에서 처음 만들어 먹기 시작했다고 해요. 독일과 오스트리아, 헝가리말로 밀가루를 아주 조금만 넣어 만든 동그란 케이크를 뜻한다는데, 화학 성분이 들어 있는 베이킹파우더나 베이킹 소다를 사용하지 않고 대신 달걀흰자를 사용해 가벼운 케이크의 질감을 느낄 수 있게 만든대요. 그러다 미국, 영국, 프랑스에 토르테가 전해지면서 과일이나 초콜릿, 크림을 넣어 만들기 시작했다고 해요.

'아…토르테가 케이크를 말하는 거구나. 별거 아니네…' 그러고는 레서피를 차분히 들여다보니 다른 케이크보다 만드는 과정이 조금 번거로워 보이긴 하지만 도전할 만하더라고요. 그렇게 시작한 저의 도전은 성공이었어요! 가벼운 케이크의 질감과 달걀을 넣은 필링이 아주 맛있는 토르테가 만들어졌답니다. 그래서 저의 블로그를 통해 인연을 맺은 현정 씨에게 작은 정성을 담은 파인애플 토르테를 선물하기로 했지요. 넓은 미국땅에서 포트 콜린스에서 차로 5분도 안 되는 가까운 곳에 살고 있다는 것만으로도 처음엔 너무 반가웠거든요. 케이크가 맛있게 된 참에 하나를 더 구워서 노란 케이크와 잘 어울리는 푸른색 리본으로 예쁘게 꾸민 후 상자에 담아 현정 씨에게 들고 갔죠. 연락도 안 하고 가는 것이 실례인 줄 알면서도 미니 홈피에 있는 집주소를 들고 전화번호도 모른 채 찾아갔답니다. 오븐에서 구워낸 지 얼마 안 된 맛있는 토르테를 현정 씨에게 꼭 전해주고 싶었거든요. 블로그 공간에서 자주 소식을 전하며 지내서 그런지 첫 대면부터 어색하지 않고 서로 편한 느낌을 받았어요. 늘씬하고 하얀 얼굴의 예쁜 현정 씨, 그리고 쌔근쌔근 잠들어 있던 귀여운 아기 용원이, 선해 보이는 용원 아빠…. 잠깐의 만남이었지만 너무 반가웠답니다. 달콤한 디저트를 별로 좋아하지 않는다는 용원 아빠도 파인애플 토르테를 아주 맛있게 먹었다고 해요. 세상에서 제일 맛있는 케이크라고 하면서요.

중력분 5ts · 베이킹파우더 2ts · 달걀 7개 · 설탕 7ts · 다진 호두 10ts, 파인애플 1캔 · 슈거 파우더 적당량 · 버터 약간

* 필링 : 달걀 3개 · 설탕 1 1/3컵 · 녹말 2ts · 중력분 2ts · 우유 2 1/4컵 · 실온 보관 무염 버터 169g

* 지름 20cm 원형 팬

 1 오븐을 201℃(395℉)로 예열하세요.

2 중력분+베이킹파우더를 그릇에 섞어요.

3 머랭 – 달걀흰자+설탕을 핸드 믹서로 거꾸로 들어서 떨어지지 않는 형태로 될 때까지 돌리세요.

4 달걀노른자+다진 호두를 따로 담아 핸드 믹서로 돌린 후 ②를 넣어요. 주걱으로 살살 섞은 후(오래 세게 섞으면 구울 때 너무 부풀어 올라요) ③의 머랭 그릇에 함께 담고 거품이 많이 가라앉지 않도록 주걱으로 살살 섞으세요.

5 원형 팬에 녹인 버터를 바르고 ④의 반죽을 담아 예열한 오븐에 넣어 25~30분 정도 구운 후 꺼내 식혀요.

6 필링 – 달걀+설탕을 핸드 믹서로 크림 상태가 될 때까지 돌린 뒤 녹말+중력분을 넣어 핸드 믹서로 돌리세요.

7 큰 냄비에 우유를 끓인 후 ⑥을 넣고 중간 불로 줄여 수저로 떠보아 흐르지 않을 정도로 걸쭉해질 때까지 15분 이상 계속 저어요. 불을 끄고 식힌 후 실온 보관한 부드러운 버터를 넣어 핸드 믹서로 돌려요.

8 케이크 꾸미기 – 파인애플은 잘게 썰고 식은 케이크는 수평으로 반 가르세요. 브러시에 파인애플 통조림 속의 주스를 살짝 묻혀 아래쪽 케이크 윗면에 조금씩 바르고 그 위에 필링을 바른 후 잘게 썬 파인애플을 얹으세요. 다시 필링을 듬뿍 바르고 나서 케이크를 얹은 다음 케이크 윗면에 슈거 파우더를 솔솔 뿌리고 파인애플 조각을 얹으면 완성이에요.

스프링 크리크 가든 전시회
Articulture Show at the Gardens on the Spring Creek

2009년 6월 21일의 일기

전시회를 마치고 집에 돌아와 이른 저녁에 쓰러져 잠들어버리고는 오늘도 하루 종일 침대 속에서 허우적거리며 하루를 보냈다. 온몸의 힘이 하나도 남아 있지 않은 것처럼 온종일 흐느적흐느적…, 주먹조차 쥘 힘이 없었다. 그리고 찾아드는 공허한 느낌…. 하루의 전시를 위해 오랫동안 쏟아온 에너지가 한순간에 다 빠져나가버린 듯하다. 나의 열정과 노고를 알고 있는 전시회 기획자 루시가 어제 내게 해준 말이 있다. "늘 마음을 중간 상태로 유지하도록 힘써야 힘들지 않다"라고…. 어제 날씨가 궂은 탓에 예상한 것보다 사람들이 많이 와주지 않아 루시가 나에 대한 배려로 그런 말을 해준 듯하다. 기대를 많이 한 루시처럼 나도 실망한 건 아닐까 싶어서 말이다. 하지만 오히려 내게는 사람들과 오붓한 대화를 나눈 즐거운 전시회였다.

이번 전시는 딱딱한 분위기의 갤러리에서 하는 일반적인 전시회가 아닌, 가든에서 사람들이 부담 없이 아트 쇼를 경험할 수 있게 해보자는 취지에서 가든 측에서 주관한 전시회였다. 평소 전시회장에서 아티스트들의 설명과 함께 작품을 볼 때 느낀 친근함과 편안함을 알기에 내 그림과 사진을 보러 오는 사람들에게 다가가 인사를 건네면서 나를 소개하고 작품에 대해 부족한 영어로 일일이 설명을 해주었다. 찾아오는 사람이 많지 않았기에 오히려 더 가까이 다가가서 여유 있게 대화를 나눌 수 있었다. 오랜 시간 꼬박 서서 사람들과 미소를 지으며 대화하는 동안 뿌듯함이 느껴졌다. 내 작품을 본 사람들은 공통적으로 화려하면서도 포근한 색감을 좋아했다. 하루 종일 서 있느라 힘들었지만 나의 작품을 보면서 이 전시를 위해 얼마나 많은 힘을 쏟아부었을지 알겠다고 하던 어떤 분의 말을 들으면서 위안과 용기를 얻기도 했다. 어떤 분은 주로 남성 포토그래퍼의 사진을 많이 봐왔는데 나의 사진은 무척 여성스럽다고 하면서 반가움을 표시하기도 했다.

낯선 사람들과 대화를 나눈 것은 이번 전시회에서 얻은 또 다른 경험이었다. 소심하기만 한 평소의 나에게서는 찾아볼 수 없는, 적극적으로 사람들에게 다가간 또 다른 나의 모습을 발견한 계기가 되었다고나 할까. 좀 더 큰 목소리로 사람들에게 당당하게 다가갔었으면 하는 아쉬움도 있지만 다음에 다시 기회가 주어진다면 그때는 더 잘할 수 있을 거란 기대도 해본다.

아쉬운 하루가 다 가고 오전에 전시회에 다녀간 두 아이와 통화를 했는데 전화선을 타고 들려오는 반가운 경아의 목소리는 조금 흥분되어 있었다. "엄마! 제가 엄마 드리려고 애플 슈트로이젤을 굽고 있어요!" '아…. 이럴 수가!' 하루 종일 서 있었을 엄마를 위해 경아가 깜짝 선물을 할 모양이었다. 집에 들어서자마자 경아가 만든 애플 슈트로이젤을 보고 나는 또 한번 놀랐는데 모양도 앙증맞고 맛 또한 입에서 살살 녹았다. 한동안 경아는 베이킹에 재미를 들여 맛있어 보이는 레서피들을 찾아 작은 종이에 깨알 같은 작은 손 글씨로 적어 모아두는 취미가 있었다. 건축학을 전공하는 경아는 첫 학년에 손 글씨로 아주 작은 글자를 깔끔하게 적는 연습을 많이 해야 했는데 레서피 적는 것도 많이 도움이 된다면서 즐겁게 하곤 했다. 지금은 학교 수업이 너무 바빠 그럴 여유가 없지만 모아놓은 레서피를 이용해 시간 날 때마다 하나씩 구워보곤 했다. 무슨 일이든지 자신이 좋아하는 일에 열정을 가지고 시도하는 경아를 보고 있으면, 내 자신이 한없이 게을러지고 싶을 때 자극을 받고는 한다. 주변에서는 그런다. "경아가 엄마를 닮아 뭐든 잘하는군요." 그런데 사실은 내가 아이를 닮아가고 있는 것은 아닌가 하는 생각이 든다.

내일부터는 다시 기운을 차리고 일상으로 돌아가야 한다. 모든 것을 내려놓고 쉬는 건 오늘까지…. 우선 내일부터는 내 건강을 위해 힘을 써야 하겠고, 한동안 돌보지 못한 살림살이도 건사하고…. 하나씩 하나씩 해결해야 할 일들이 나를 기다리고 있다. 마음은 급하지만 서두르지 않고, 천천히 천천히….

애플 슈트로이젤 레서피 page 236 >>

중력분 1컵(140g) · 베이킹 파우더 1ts · 소금 1/8ts · 녹인 무염 버터 1/4컵 ·
설탕 1/2컵 · 달걀 1개 · 바닐라 익스트랙 1/2ts · 우유 1/3컵 · 사과 1/2개
* 슈트로이젤 토핑: 중력분 1/2컵(70g) · 계핏가루 1/2ts · 무염 버터 3TS ·
황설탕 1/4컵 · 굵게 다진 호두 1/4컵 *** 머핀 팬 · 종이 베이킹 컵**

1 **슈트로이젤 토핑**―호두를 굵게 다져 마른 프라이팬에 살짝
볶은 뒤 중력분+계핏가루+볶은 호두를 함께 섞어놓아요. 실
온에 두어 부드러워진 버터를 포크로 짓이겨 좀 더 부드럽게 만든 다음 다
른 토핑 재료와 함께 잘 섞어요.

2 오븐을 180℃(350℉)로 예열하세요.

3 큰 믹싱 볼에 중력분+베이킹파우더+소금을 넣어 섞으세요.

4 다른 믹싱 볼에 녹인 버터+설탕을 넣어 핸드 믹서로 돌린 다음 달걀+
바닐라 익스트랙을 넣어 다시 한 번 돌리세요. 여기에 ③+우유를 넣어 핸
드 믹서로 좀 더 돌려요.

5 사과를 작게 썰어놓아요. 머핀 팬에 베이킹 컵을 깔고 ④의 케이크 반죽
을 맨 아래에 얇게 부은 후 잘게 썬 사과를 조금 얹고 ①의 슈트로이젤 토
핑을 얹으세요. 재료를 너무 수북이 담으면 구울 때 모양이 너무 커져요.

6 ⑤를 예열한 오븐에 넣어 15~20분 정도 구워요.

정아가 만들어준

애플 슈트로이젤
Apple Streusel

슈트로이젤Streusel은 독일어로 '뭔가 흩어지다' 라는 뜻이에요. 머핀이나 케이크 위에 버터와 밀가루, 설탕을 섞어 토핑으로 뿌려 먹는 빵이랍니다. 한국에서는 흔히 '소보로' 라고 많이 알려져 있지요. 달콤하고 고소한 애플 슈트로이젤을 소개합니다.

 # 시작이 주는 의미…

양귀비 꽃밭 사진들을 보고 있자니 '과연 이걸 그릴 수 있을까'란 의구심이 자꾸 생겼다. 그러다 오랜 망설임 끝에 붓을 들기 시작했다. 그렇게 한 송이 꽃을 위한 나의 오랜 시간의 정성이 시작되었다. 안 좋은 마음을 가라앉히려고 그리기 시작한 양귀비 꽃밭. 사진에는 붉은 꽃만 있는데 플루트를 연주하는 여자도 한 사람 넣어주었다. 양귀비 꽃밭에서 퍼져 나오는 아름다운 플루트 선율을 상상하며 초록색으로 풀들을 대충 표현하고 그 위에 또 다른 색을 덧칠하면서 푸른 들판의 밑 작업을 하는 데만 며칠이 걸렸다. 이번에는 캔버스를 싼 걸 구입했더니 표면이 참 까칠까칠하기가 이루 말할 수가 없어 칠하는 내내 공력도 더 많이 들고 시간도 오래 걸렸지만 그래도 힘들게 완성해 나가서 그런지 푸른 들판의 모습이 조금씩 보이니 더 뿌듯하다.

정혜경 '양귀비 꽃밭'(Red Poppies Field), 캔버스에 아크릴

그림을 그리면서 늘 느끼는 것이지만 이번 작업을 하면서도 참 많은 것을 배웠다. 하다못해 까칠한 캔버스를 통해서도 인생을 배우는 기회가 되니…. 푸른 들판을 대충 칠해놓고 며칠 동안 붓을 댈 엄두가 나질 않았다. 사진 한 가득 있는 양귀비들의 모습에 지레 질려 밑그림을 그릴 엄두가 나질 않았기 때문이다. 몇 번의 망설임 끝에 드디어 붓을 잡았다. 한 송이 양귀비꽃을 그리면서 왜 이리 힘이 드는지…. 마음에 드는 양귀비 한 송이를 얻기 위해 색도 잘 만들어야 하고, 붓의 터치와 물의 양도 그때그때 아주 조심스럽게 조절해야 한다. 오랜 시간을 공들인 끝에 겨우 양귀비 모양이 만들어지고 일단 시작을 해놓고 보니 두렵기만 하던 처음의 마음도 조금씩 사라지면서 잘할 수 있을 것 같다는 자신감이 생겼다. 일단 시작했으니 이제 남은 일은 저 많은 꽃을 천천히 완성하기만 하면 된다. 시간이 얼마나 걸리든 한 송이 한 송이 정성을 다해가며….

용원이네가 떠나던 날

4년 동안 살던 포트 콜린스에서의 정든 생활을 뒤로하고 현정 씨네 가족이 앨라배마로 새로운 여행길에 올랐다. 블로그를 통해 인연을 맺은 현정 씨는 길지 않은 시간이었지만 정이 많이 든 고마운 친구였고, 서로 정서적으로 통하는 것이 많은 마음이 참 고운 동생이었다. 현정 씨의 예쁜 가족들…. 눈만 마주치면 웃어주는 꽃과 나무를 사랑하는 귀여운 용원이, 너무도 착하고 예쁜 강아지 산이 그리고 늘 많은 도움을 준 용원이 아빠…. 기르는 애완견을 보면 그 주인의 모습과 참 흡사함을 느끼곤 하는데, 현정 씨네 산이는 예쁜 외모뿐만 아니라 성격까지 현정 씨와 판박이다. 사람을 참 잘 따르는 순둥이 산이는 아기 용원이를 참 많이도 배려해주던, 마음 씀씀이가 사람보다 더 예쁜 강아지다. 다들 보고 싶다…. 자주 만나지는 못해도 늘 마음은 함께하는 가족 같던 세 사람이다.

현정 씨네가 이삿짐을 싸던 날. 용원이를 돌봐주기 위해 현정 씨네 집에 갔는데, 정말 날씨가 최악이어서 바람이 몹시도 사납게 불어댔다. 포트 콜린스에 미련 두지 말고 떠나라고 날씨까지 도와준다며 우리는 우스갯소리를 했다. 자연을 좋아하는 용원이가 산이와 함께 즐겨 바라보던 뒤뜰의 나무는 밤새 요란하게 불어닥친 비바람에 나뭇잎이 모두 떨어져버렸다. 하지만 오후 늦게 다시 파란 하늘이 돌아오며 해가 나자 용원이는 여느 때처럼 창밖을 내다보고 조금 남아 있는 잎들을 바라보며 마냥 좋아라 했다.

현정 씨네 가족이 포트 콜린스를 떠나는 날…. 장장 나흘 동안 앨라배마를 향해 차를 운전하며 가기 위해 출발하는 날이다. 기나긴 여정에 맛있게 차 안에서 먹으라고 아침부터 붉은 호박을 찌고 피칸을 듬뿍 넣어 펌프킨 머핀을 큰 원형 팬에 만들었는데 다 굽고 나니 팬에서 빵이 떨어지질 않았다. '한번도 이런 적이 없는데, 베이킹 팬이 말을 안 듣는다니! 너도 나처럼 이별하기 싫은 거니?'라는 생각이 들었다. 결국 억지로 떼어내려다가 모양이 망가져버린 빵을 가지고 현정 씨네로 갔다. 모두 아침도 먹지 못하고 있던 터라 다행히 즉석에서 맛있게 먹어주어 어찌나 고맙던지. 용원이는 계속 달라며 작고 귀여운 손을 내밀었다. 아침에 현정 씨네로 향하는 나를 보고 지헌이는 이별할 때마다 힘들어하는 눈물 많은 엄마에게 말을 건넸다. "엄마, 울지 마세요." "그래, 엄마 울지 않을게…."

남아 있던 짐마저 다 정리하고 집을 완전히 비우고 나서야 현정 씨네는 앨라배마로 향하는 긴 여행길에 올랐다. 서로 건강하라며 다독이는데 현정 씨 눈에도, 내 눈에도 그만 눈물이 그렁그렁 맺혔다.

늦은 밤, 콜로라도 주를 벗어나 캔자스 주에 도착한 현정 씨가 문자 메시지와 함께 원이, 산이 사진 2장을 보내왔다. "언니, 우리 숙소에 잘 도착했어요. 산이는 완전 착해요, 원이는 차에서 좀 울었지만요. 산이는 얌전하게 침대 하나 차지하고…. 언니 안녕히 주무세요, 낼 또 연락 드릴게요. 너무 보고 싶어요."

현정 씨, 나도 너무 보고 싶어요….

현정 씨가 남기고 간 달콤한 화이트 와인을 조금 마시고 잠이 들었다.

자고 일어나니 날씨가 화창하다. 참 다행이다. 오늘 하루도 모두 행복하고, 건강하게 여행할 수 있기를 기도한다.

앨라배마에서의 새로운 출발 속에 늘 하나님의 축복이 함께하기를….

생크림을 얹은 펌프킨 생크림 머핀 레시피 page 242>>

달콤한

펌프킨 생크림 머핀
Pumpkin Whipped Cream Muffins

핼러윈데이가 가까워오고 있던 수요일 저녁 모임에 핼러윈의 상징인 주황색 호박으로 디
저트를 구워 가지고 간 펌프킨 휘핑크림 머핀입니다. 머핀이 구워지는 동안 '생크림에 펌
프킨을 섞으면 맛이 어떨까?' 하는 생각이 들었어요. 그래서 냉장고에 있던 휘핑크림을 꺼
내어 프로스팅을 만들고 펌프킨 퓌레(찐 단호박 으깬 것)를 섞은 후 오븐에서 나온 머핀
위에 얹으니 모양도 예쁘더라고요. 모두들 맛있게 드셨는데, 특히 휘핑크림에 호박을 함
께 넣어 더 맛있다고 하더군요. 부드러운 생크림을 얹어 함께 먹으니 아주 맛있었어요.
미국사람들은 머핀을 아침 식사나 티 파티 때 잘 먹는답니다.

* 22~24개 분량

중력분 2컵 · 베이킹파우더 2ts · 베이킹 소다 1/4ts · 소금
1/4ts · 계핏가루 1ts · 생강가루 1/2ts · 너트메그 가루 1/4ts
· 설탕 1/2컵 · 실온 보관 무염 버터 8TS (114g) · 달걀 2개 · 바
닐라 익스트랙 1ts · 으깬 찐 단호박 3/4컵 · 플레인 요구르트
1/4컵 · 우유 3TS · 호두 1/2컵 **· 단호박 생크림 :** 휘핑크림 1
컵 · 바닐라 익스트랙 1ts · 설탕 3TS · 으깬 찐 단호박 1/2컵
* 머핀 팬 · 종이 베이킹 컵 · 짤주머니 · 별 모양 깍지

1 펌프킨 생크림—믹싱 볼에 휘핑크림+바닐
라 익스트랙+설탕을 넣어 섞은 후 커버를 씌
우고 냉장고에 30분 정도 넣어둬요. 냉장고에서 꺼낸 크림
을 핸드 믹서로 단단해질 때까지 돌린 다음 으깬 단호박을
넣어 크림 상태가 단단해질 때까지 돌린 다음 커버를 씌워
머핀을 구울 동안 냉장고에 보관해요.

2 오븐을 180℃(350℉)로 예열하세요.

3 믹싱 볼에 중력분+베이킹파우더+베이킹 소다+계핏
가루+생강가루+너트메그 가루+소금을 한데 체에 쳐요.

4 다른 믹싱 볼에 설탕+실온에서 부드러워진 버터를 넣
어 핸드 믹서로 크림 상태가 될 때까지 돌려요. 여기에 달
걀을 한 번에 1개씩 넣어 핸드 믹서로 돌려요.

5 ④+바닐라 익스트랙+으깬 찐 단호박+플레인 요구르
트+우유를 핸드 믹서로 돌리세요.

6 ③+⑤를 핸드 믹서로 돌리세요. 반죽이 되직하면 우유
를 조금 더 넣고 잘게 다진 호두를 넣어 섞으세요.

7 베이킹 컵에 ⑥의 반죽을 2/3 정도씩만 담아 예열한 오
븐에 넣어 20~25분 정도 구워요.

8 별 모양 깍지를 끼운 짤주머니에 펌프킨 생크림을 넣은
후 식은 머핀 위에 예쁘게 짜요. 그 위에 고운체를 사용해
계핏가루를 솔솔 뿌리세요.

커피 피칸 케이크
Coffee Pecan Cake

커피를 좋아하는 분이라면 커피 피칸 케이크를 꼭 만들어보시라고 권해드리고 싶어요. 케이크 두께가 아주 얇아서 식사 후에 부담 없이 가볍게, 그리고 카페에서 맛볼 수 있는 맛있는 케이크를 집에서도 직접 만들어 즐길 수 있답니다. 프로스팅을 버터로 만들어 혹시 느끼하지 않을까 염려하지 않으셔도 돼요. 프로스팅을 얇게 펴 바르면 산뜻하면서도 많이 달지 않은 커피 피칸 케이크를 즐길 수 있거든요. 블랙커피와 함께 먹으면 정말 맛있답니다. 이웃과 함께 나누어 먹었는데 모두 맛있다고 하시네요. 미국에서는 이것저것 음식을 해서 초대하기보다는 맛있는 케이크와 커피나 차를 준비하는 가벼운 티 파티를 즐기는 것 같아요. 커피 피칸 케이크를 맛있게 구워 좋은 분들과 함께해보세요.

박력분 1/2컵(73g) · 소금 약간 · 달걀(대) 3개 · 설탕 6TS · 인스턴트커피 가루 1ts · 바닐라 익스트랙 1/2ts · 무염 버터 3TS(40g) · 피칸 (또는 호두) 2TS · 버터 약간
* **커피 프로스팅** : 실온 보관 무염 버터 3/4컵 (170g) · 슈거 파우더 1컵 · 인스턴트커피 가루 1ts · 메이플 시럽 4TS
* 지름 20cm 원형 팬

1 오븐을 180℃(350 ℉)로 예열 하세요.

2 박력분에 소금을 약간 넣고 체에 치세요.

3 작은 그릇에 달걀+설탕을 함께 넣어 핸드 믹서로 돌린 다음 중간 불에 올려 계속 저으면서 중탕해요. 크림색이 돌면 약 10초 후쯤 아주 살짝 되직해지면 불을 끄세요. 너무 오래 중탕하면 지나치게 되직해져서 밀가루와 섞을 때 촉촉하지 않답니다.

4 커피를 뜨거운 물에 녹인 후 ③에 넣고, 바닐라 익스트랙도 함께 넣으세요.

5 ④에 ②를 체에 내리치면서 세 번에 나누어 넣고, 한번 넣을 때마다 전자레인지에 녹인 버터를 가장자리로 조금씩 흘려 넣으세요. 그리고 실리콘 주걱으로 아주 조심스럽게 섞는데 조금 질어 보이는 듯한 반죽이어야 해요.

6 버터를 바른 원형 팬에 ⑤의 반죽을 담고 기포 방지를 위해 팬을 바닥에 쿵쿵 몇 번 내리치세요.

7 **커피 프로스팅** ─ 실온에서 녹인 부드러운 버터+슈거 파우더를 핸드 믹서로 돌린 후 여기에 뜨거운 물에 녹인 커피를 넣고 실리콘 주걱으로 잘 섞어요.

8 예열한 오븐에 ⑥의 팬을 넣고 20분 정도 구우면 얇은 케이크가 만들어져요. 오븐에서 꺼낸 케이크를 식힌 후 케이크 위에 프로스팅을 얇게 펴 바른 다음 다진 피칸을 뿌리세요.

부드러운
초콜릿 피넛 브라우니
Chocolate Peanuts Brownies

초콜릿이 들어간 케이크는 언제 먹어도 참 맛있는 것 같아요. 한 조각 입에 넣으면 마음이 포근해진다고나 할까요? 그래서인지 저의 레서피 중에서 가장 많은 것 또한 초콜릿이 들어간 레서피랍니다. 초콜릿 피넛 브라우니는 통밀가루를 사용했지만 질감이 아주 부드러운 디저트랍니다. 잘게 다진 땅콩이 들어가서 고소하게 씹히는 맛도 아주 좋지요. 브라우니를 작게 썰어서 낱개로 포장해 좋은 분들께 선물해드리세요. 주는 사람도, 받는 분도 행복해질 겁니다.

초콜릿 칩 170g · 무염 버터 2TS · 통밀가루 1컵(150g) · 코코아 파우더 1/4컵 · 베이킹 소다 1/4ts · 소금 1/4ts · 달걀(대) 4개 · 황설탕 1컵 · 플레인 요구르트 1/2컵 · 식용유 1/4컵 · 바닐라 익스트랙 2ts · 땅콩 3/4컵
* 20×20cm 그기 정사각 팬 3호

 **1** 오븐을 180℃(350℉)로 예열하세요.

2 작은 스테인리스 볼에 초콜릿+버터를 넣고 중탕으로 녹여요. 작은 냄비에 뜨거운 물을 3cm 정도 담고 그 위에 스테인리스 볼을 올려놓고 중탕하세요.

3 통밀가루+코코아 파우더+베이킹 소다+소금을 한데 담아 체에 두 번 치세요.

4 다른 믹싱 볼에 달걀+황설탕을 핸드 믹서로 크림색이 될 때까지 돌려요.

5 ④+플레인 요구르트+식용유+바닐라 익스트랙을 핸드 믹서로 돌린 후 ②를 넣어 핸드 믹서로 돌려요.

6 ⑤+③이 잘 섞일 때까지 핸드 믹서로 돌린 후 잘게 다진 땅콩을 넣어 실리콘 주걱으로 고루 섞으세요.

7 베이킹 팬에 버터를 바르고 되직한 반죽을 부어 예열한 오븐에 넣고 30분간 구워요.

고소한
피넛 버터, 잼 쇼트브레드 웨지
Peanut Butter and Jam Shortbread Wedges

미국 사람들은 피넛 버터와 잼을 함께 섞어 먹는 것을 참 좋아한답니다. 피넛 버터, 잼 쇼트브레드 웨지는 두 재료가 서로 잘 어울리듯 고소하고 맛도 좋은 피자 모양의 디저트예요. 좋아하는 어떤 종류의 잼을 사용해도 돼요. 아이들의 생일 파티 때 구워주면 피자 모양의 조금 특별한 맛있는 디저트를 보고 아이들이 많이 좋아할 것 같아요.

중력분 1 1/4컵 · 라즈베리 혹은 딸기잼 1/3컵 · 실온 보관 무염 버터 1/2컵 · 피넛 버터 1/4컵 · 설탕 1/2컵 · 소금 약간 · 바닐라 익스트랙 1ts
* 지름 23cm 타르트 팬, 원형 접시

 **1** 실온에서 부드러워진 버터+ 피넛 버터를 핸드 믹서로 중간 속도로 2분 정도 돌려요.

2 ①+설탕+소금을 핸드 믹서로 부드러워질 때까지 2분 동안 다시 돌려요.

3 ②+바닐라 익스트랙+중력분을 낮은 속도로 잘 섞일 때까지 돌려요.

4 ③에서 1/3컵을 덜어내어 납작한 원형 팬에 손으로 얇게 펴주세요. (분리형 원형 베이킹 팬의 바닥이나 혹은 납작한 접시를 사용

하세요.) 그다음 랩으로 씌워서 냉동실에 1시간 정도 반죽이 단단해질 때까지 두세요.

5 남아 있는 반죽은 타르트 팬에 버터를 바르고 손으로 펴발라 잘 다독여주세요. 잼을 반죽의 가장자리로부터 1cm 정도 남기고 반죽 위에 펴 바른 후 랩을 씌워 냉장고에 보관하세요. 그동안 오븐을 180℃(350℉)로 예열하세요.

6 냉동실에서 단단해진 반죽을 꺼내 작은 크기로 부순 후 냉장고의 타르트 팬을 꺼내 잼 위에 반죽의 작은 조각들을 올려요.

7 예열한 오븐에 넣어 약 40분 정도 연한 갈색이 될 때까지 구운 후 오븐에서 꺼내어 식힘망에 올려놓고 한 김 식힌 후에 자르세요.

* 레서피 출처: Bon Appetit

고마워요…

며칠 동안 쌓인 피곤함 때문인지 아침 먹고
오전 내내 다시 잠에 빠져들었다.
약간 서늘한 기운에 핫 팩을 데워 안고
아주 깊은 잠 속으로….
일어나 보니 따뜻한 문자가 와 있다.

"언니, 오늘 거기 엄청 춥네요. 감기 조심…"

앨라배마로 가 있어도 마음은 아직 이곳에 두고 갔나 보다.

고마워요…

감자의 향기

Pies & Tarts

파이 스푼에 비친 꽃을 바라보던 시선

"혜경! 너는 사물을 바라보는 참 좋은 시선을 간직하고 있어."
몇 해 전 사진 클래스를 들었을 때 칼Karl선생님께서 내게 해주신 말이다.
늦은 아침, 거실 창을 통해 들어오는 따뜻한 볕이 좋아 가까이 다가가 카펫에 앉아 모든 생각을 다 놓아버리고 그냥 그렇게 앉아 있었다. 그 순간 내 시야에 들어온 한 예쁜 반영이 있었는데 그것은 어제 베리 타르트를 만들고 사진 작업을 한 뒤 미처 치우지 못한 채 소파 옆 한쪽에 놓아둔 2개의 스테인리스 파이 스푼 중 조금은 뿌연 1개의 스푼 위에 비친 아주 작은 꽃의 예쁜 반영이었다.
아름다운 것은 무엇이든 카메라에 담고 싶어 하는 나는 카메라를 가져와 피사체에 최대한 가까이 다가가 작은 반영에 몰두한 채 숨을 죽이며 담기 시작했다.
포커스를 반영에 맞추면 꽃이 선명하게 아름다운 모습으로 드러나고, 포커스를 꽃에 맞추면 내 뷰파인더 속에서 반영이 사라져 버렸다. 그러기를 반복하고 있는데 갑자기 마음속에서 누군가 내게 말을 건넸다.
'혜경아, 너는 사물의 아름다운 모습은 잘도 보면서 왜 정작 사람의 아름다운 내면은 보지를 못하는 거니?' 순간 가슴이 울컥하며 눈물이 흘러내리는데 마음속에서는 계속 말을 건넸다. '네가 겉모습만 바라보면 그 사람의 진정으로 아름다운 내면은 볼 수가 없는 거야. 네가 어디에 포커스를 맞추느냐에 따라 상대방의 진심을 들여다볼 수 있는데, 넌 그걸 못하고 있어. 바보같이…'
칼 선생님의 말씀처럼 내게 사물을 바라보는 좋은 시선이 있는지는 모르겠다.
그런데 오늘 난 정말 중요한 하나를 깨달았다. 단지 겉모습만이 아닌, 내면까지 바라볼 수 있을 때에야 비로소 나도 내 자신에게 웃어줄 수 있다는 것을….

데이지 꽃

블루베리 파이
Blueberry Pie

집에서 60마일(96km) 정도 떨어진 볼더에서 룸메이트와 함께 살고 있는 경아에게서 문자가 왔답니다. "엄마, 이번 주말에 집에 갈게요." 문자를 받자마자 경아에게 맛난 음식을 해주기 위해 장을 보러 나갔지요. 그런데 블루베리가 진열된 코너에서 저의 시선이 고정되었어요. 경아가 가장 좋아하는 디저트인 블루베리 파이를 만들어주고 싶은 생각이 들었거든요. 사실 그동안 파이는 만들기 어렵다고만 생각해서 만들어 볼 시도조차 하지 않고 사다 먹곤 했는데 너무 달아서 자주 먹기가 부담스러웠어요. 아, 그런데… 진열되어 있는 블루베리 가격이 너무 비싼 거예요. 채소, 과일이 풍부한 미국에서도 블루베리는 비싼 과일에 속한답니다. 세일하지 않을 때 구입하기엔 부담스러운 과일이지요. 아쉬운 발걸음을 돌리고는 캔 음식 파는 곳으로 갔어요. 그곳에서 블루베리 파이용 캔을 하나 사 들고 집에 돌아와 맛있는 블루베리 파이 레서피를 찾아 웹 서핑을 하기 시작했답니다.

여기저기에서 맛있게 만드는 팁을 모아 또 하나의 레서피를 완성하고는 설레는 마음으로 파이를 굽기 시작했어요. 이렇게 만든 저의 첫 번째 파이는 아주 성공적이었어요. 캔으로 만든 속 재료가 하나도 달지 않아 뒷맛이 아주 개운하더라고요. 물론 경아도 예쁘게 만든 파이를 보며 행복한 얼굴로 맛있게 먹었어요. 그러고 나서 며칠 후 블루베리 빅 세일이 있었어요. '드디어 신선한 블루베리로 파이를 만들 수 있는 기회가 왔구나!'라는 생각에 망설임 없이 블루베리를 잔뜩 사가지고 와서 두 번째 파이를 만들었답니다. 역시 신선한 재료를 넣으니 맛도 더 상큼하고 블루베리 씹히는 맛이 있어 더 맛있는 파이가 만들어졌어요. 많이 달지 않아 파이 2조각을 한자리에서 너끈히 먹어치웠답니다.

블루베리는 비타민 C도 풍부하고 면역력 강화에도 좋아요. 그래서인지 먹을 때마다 왠지 건강해질 것 같은 생각에 뿌듯했어요. 이웃 분들과 함께 나누어 먹었는데 그분들이 제게 다시 나누어준 사랑이 너무 커서 많이 감사했답니다.

처음 만들어본 파이였지만 아주 쉽게 만들어지더라고요. 초보자 분들도 겁내지 말고 한번 도전해보세요.

 1 파이 셸 반죽 −믹싱 볼에 중력분+녹말+설탕+소금+차가운 쇼트닝을 섞어요.

2 차가운 버터를 잘게 썰어 푸드 프로세서에 ①과 함께 넣어 돌려요. 2~3초 돌리고 10초 쉬기를 반복해 세 차례에 나눠 돌린 다음 찬물을 넣고 섞다가 손으로 재빨리 반죽해요. 두 덩어리로 나누어 랩에 싼 뒤 냉장고에 넣어 1시간 이상 보관해두어요.

3 1시간 후에 오븐을 218℃(425℉)로 예열하세요.

4 필링−볼에 블루베리+녹말+설탕+계핏가루+너트메그+레몬 주스를 모두 섞어요.

5 ②의 파이 셸 반죽을 꺼내 바닥과 밀대에 밀가루를 뿌리고 ②의 한 덩이를 0.2cm 두께로 넓게 민 다음 파이 그릇에 조심스럽게 옮겨요.

6 남은 셸 반죽 한 덩이를 ⑤와 같은 방법으로 밀어서 꽃 모양 쿠키 커터로 찍으세요. ⑤의 파이 셸 위에 ④의 필링을 담고, 그 위에 꽃 모양 반죽을 촘촘히 얹어요.

7 파이 윗부분을 달걀 푼 물로 살짝 브러싱해주면 더욱 먹음직스럽고 윤기 나게 구워져요.

8 예열한 오븐의 가장 낮은 위치에 ⑦을 넣어 15분간 구운 다음 다시 온도를 190℃(375℉)로 낮춘 후 오븐 속의 중간 위치로 옮겨 40분간 더 구우면 바삭하고 맛있는 예쁜 파이가 완성된답니다. 먹을 때는 차갑게 식혀서 드세요.

TIP !

파이 셸을 만들 때는 쇼트닝과 버터를 함께 사용하고, 파이 셸에 들어가는 모든 재료를 차갑게 사용하면 더욱 바삭바삭한 파이를 만들 수 있답니다.

6

6

* **파이 셀** : 중력분 2 1/2
컵(398g) · 녹말 2TS · 설탕
1TS · 소금 1ts · 차가운 쇼트
닝 1/2컵(102g) · 차가운 버
터 1/2컵(115g) · 찬물 6TS
* **브러시** : 달걀노른자 1개
분량+물 1TS
* **필링** : 신선한 블루베리
또는 냉동 블루베리 4컵 ·
녹말 3TS · 설탕 1/2컵 · 계
핏가루 1/2ts · 너트메그
1/2ts · 레몬 주스 2TS
* 지름 23cm 파이 팬

7

꿀로 만든

펌프킨 파이
Pumpkin Pie

블루베리 파이를 만들고 나서부터 저는 파이 사랑에 빠져버렸답니다. 미국은 가을이 되면 슈퍼마켓 입구부터 커다란 주황색 호박을 비롯해 다양한 종류의 호박을 대량으로 진열해놓아요. 그 중에서 가장 색이 예쁜 자그마한 호박을 골라서 파이를 만들어보았답니다. 미국은 10월 31일이 핼러윈데이예요. 그래서 슈퍼마켓이나 다른 상점들도 한 달 전부터 핼러윈 물품과 장식을 많이 해놓는답니다. 핼러윈데이에 절대 빠질 수 없는 호박이 종류별로 다양하게 진열되어 있는 이유이기도 하지요.

펌프킨 파이는 가을로 접어들면서부터 미국사람들이 즐겨 만들어 먹는 파이예요. 특히 추수감사절 Thanksgiving이나 크리스마스 때면 꼭 구워 먹는 미국사람들의 전통적인 디저트랍니다. 제가 사용한 레드쿠리 red kuri라는 다홍빛 호박은 단호박보다 조금 큰 호박으로 파이를 만들면 가장 색이

예쁘게 나오는 종류이기도 해요. 물론 맛도 너무 좋아서 그냥 쪄 먹어도 맛이 아주 좋고요. 고구마 맛도 나고, 밤 맛도 나고…. 아주 잘 익은 우리나라 단호박 맛과 비슷하답니다.

제가 만든 파이는 설탕을 넣지 않고 꿀과 호박으로만 단맛을 내 뒷맛이 깔끔한 건강식 파이랍니다. 단호박에 들어 있는 노란색의 베타카로틴 비타민 A는 시력을 보호하는 데 필수적인 영양소예요. 비타민 A가 부족하면 어두운 곳에서는 전혀 볼 수 없는 야맹증에 걸리게 되는데, 단호박에는 비타민 A가 고구마보다 35배가량 많이 들어 있으면서 칼로리는 고구마의 1/2에 불과하대요.

정말 간단하게 만들 수 있는 맛있는 파이인 만큼 꼭 만들어보세요. 파이 셸은 블루베리 파이를 만든 파이 셸 레서피와 같아요. 대신 재료의 양을 반으로 줄였답니다. 역시 셸이 바삭바삭 맛있게 구워졌어요.

* **파이셸** : 중력분 1 1/4컵(199g)·녹말 1TS·설탕 1TS·소금 1/2ts·차가운 쇼트닝 1/4컵(51g)·차가운 버터 1/4컵(58g)·찬물 3TS
* **필링** : 단호박 찐 것(펌프킨 퓌레) 2컵(456g)·계핏가루 1/2ts·너트메그 가루 1/2ts·생강가루 1/2ts·우유 1/2컵·휘핑크림 1/2컵·달걀 4개·소금 1ts·꿀1/2컵(또는 3/4컵)
* 지름 20cm 타르트 팬 3호

 1 파이 셸 반죽–큰 믹싱 볼에 박력분+녹말+설탕+소금+차가운 쇼트닝을 주걱으로 잘 섞어요.

2 차가운 버터를 잘게 썰어 ①과 함께 푸드 프로세서에 넣어 두 차례에 나누어서 돌리세요. 찬물을 넣고 실리콘 주걱으로 섞다가 손으로 재빨리 반죽한 후 랩에 싸서 냉장고에 1시간 이상 보관해두어요.

3 필링–단호박을 갈라 씨를 발라낸 후 찜통에 넣고 40분 정도 쪄요. 호박이 다 쪄지면 오븐을 204℃(400℉)로 예열하세요.

4 찐 호박은 속만 발라 믹싱 볼에 담아 주걱으로 으깨고, 달걀은 다른 그릇에서 손 거품기로 풀어놓아요. 믹서에 으깬 단호박+계핏가루+너트메그 가루+생강가루+우유+휘핑크림+달걀+소금+꿀을 넣어 돌리세요.

5 파이 셸 만들기– ②의 파이 반죽을 바닥과 밀대에 밀가루를 뿌린 다음 0.2cm 두께로 넓게 밀어요. 뒤집개를 반죽 아래에 넣어 반죽을 손으로 조심스레 잡고 타르트 팬에 옮긴 후 가장자리를 마무리해요.

6 ③의 필링을 파이 셸 위에 가득 담은 후 공기가 빠져나가도록 팬을 몇 번 바닥에 조심스럽게 탁탁 내리치세요.

7 예열한 오븐에 ⑥을 넣고 50분 정도 구워요. 파이 가장자리부터 3cm 정도 떨어진 위치에 칼을 넣어보아 깨끗하게 아무것도 묻어나오지 않으면 잘 구워진 거예요. 차갑게 식힌 후 파이 위에 흰 코코넛 슬라이스를 살짝 뿌리거나 생크림을 얹어 드세요.

3

6

7

가을이면 찾아오는 하늘의 손님

포트 콜린스에 선선한 계절이 시작이 될 무렵이면
눈이 시리도록 푸른 하늘에 V자로 무리를 지으며 하늘 가득하게 울음소리를 내며
찾아오는 기러기 손님이 있는데, 이것은 내가 가을과 겨울의 하늘을 특히 사랑하는 이유이다..
기러기떼가 하늘을 날고 있는 모습은 마치 오래전 감명 깊게 본
<아름다운 비행>이란 영화 속 모습을 연상시킨다.
에이미라는 작은 소녀와 그녀를 엄마처럼 따르는 어미 잃은 16마리의 거위 이야기.
소녀가 거위들과 함께 직접 비행을 하면서 거위들을 그들만의 보금자리로 데려다주는
머나먼 비행을 시작하는 실화를 바탕으로 만든 영화이다.
그 아름다운 장면을 포트 콜린스에서 매년 볼 수 있다는 것에 그저 감사하다….
리더를 중심으로 머나먼 여행을 하는 기러기떼는
옆에서 함께 날갯짓을 하는 동료를 의지하며 날아간다고 한다.
만약 어느 기러기가 총에 맞거나 지쳐서 대열에서 이탈하면
다른 동료 기러기 두 마리가 함께 대열에서 이탈해
지친 동료가 원기를 회복해 다시 날 수 있을 때까지,
또는 죽음으로 생을 마감할 때까지…,
동료의 마지막을 함께 지키다 무리로 다시 돌아온다고 한다.

울음소리를 내며 힘차게 날아가는 기러기떼를 볼 때면
늘 울컥하는 마음과 함께 그들에 대한 존경심으로
마음이 숙연해지곤한다….

포트 콜린스의 하늘을 나는 기러기떼(Geese in Fort Collins)

 ## 사과나무가 있는 로즈 트리 빌리지 Rose Tree Village

그건 동안 정든 미라몬트와 아쉬운 작별을 하고 새로 이사 온 로즈 트리 빌리지Rose Tree Village에는 큰 사과나무 한 그루가 있다. 처음에는 하얀색의 아담한 아파트 사무실 앞에 서 있는 사과나무를 알아채지 못했다. 내 눈엔 그냥 나무일 뿐이었는데 땅바닥에 굴러다니는 빨간 사과가 눈에 들어오고 나서야 다람쥐들이 분주하게 오르내리던 오래된 그 큰 나무가 사과나무란 것을 알아챈 것이다. 도시에서 자란 데다 결혼 전까지 살던 집 앞 정원의 사과나무도 키가 작아 내 기억 속에서 과일 나무는 모두 키가 작은 걸로 각인됐는데, 이곳의 사과나무는 아주 우람한 자태를 뽐낸다.

오래된 사과나무…. 그리고 바닥엔 다람쥐들이 베어 먹다 만 사과와 함께 발갛고 멀쩡한 사과까지 데굴데굴 떨어져 있다 보니 내 눈은 휘둥그레졌다. 믿을 수 없는 그 광경은 마음까지 행복하게 만들었다. 미국에 와서 참 해보고 싶었던 것 중 하나가 과일나무에서 직접 수확한 싱싱하고 풍성한 과일을 가지고 베이킹을 해보는 것이었다. 하지만 주변에서 과일 나무 비슷한 것도 찾아볼 수 없는 곳에 살다 보니 그건 그저 꿈일 뿐 나와는 상관없는 일이라고만 생각했다. 그렇게 그저 꿈일뿐인 일이 바로 내 앞에 펼쳐지고 있으니…. 너무 좋아서 입을 못 다문 채 떨어진 사과를 줍기 시작하자 금세 한 가득이 되었다. 사과를 주워 담는 동안 마치 어린아이가 된 것 같은 이 느낌…. 과일 나무 한 그루쯤은 길러보고 싶다는 생각이 들었다. 그러면 평생 어린아이 같은 마음을 가지고 살 수 있지 않을까? 어느새 가방 한 가득 담긴 사과를 어깨에 메고 어린아이가 되어 싱글벙글 집으로 돌아왔다. 사과는 작지만 아주 촉촉하고 새콤달콤한 맛이 우리나라에서 먹던 홍옥과 비슷했다. 이 사과로 내가 그렇게 만들고 싶었던 애플 타르트를 만들었는데 그 맛이 정말 최고였다! 오븐에서 나오자마자 뜨거울 때 먹는 애플 타르트의 맛은 그야말로 중독이다, 중독…. 사과만 보면 자꾸 굽고 싶어지는 애플 타르트…. 한 판 구워 먹고, 또 한 판 구워 현정 씨네 갖다주고 다음날 또 한 판 구워서 볼더로 돌아가는 둘째 경아에게 보내주고, 다음 날 일어나 또 한 판 구워 먹고…. 매일매일 나의 오븐에서는 사과와 계피 향이 어우러진 애플 타르트 향기가 진동을 한다.

아침부터 날씨가 꾸물꾸물하고 추운 것이 곧 비가 올 것 같다. 이사하느라 늘어진 몸을 쉬고 있는데 전화벨이 울린다. 아파트 사무실에서 걸려온 전화였는데 내게 편지 한 통이 배달 되었으니 가져가라는 내용이었다. 집 안에서도 한기가 느껴져 꼼짝하기 싫던 나는 나중에 가지러 가겠다고 말하고 끊고 나서는 침대 속에서 한참 동안 뒤척였다. 그러다가 간신히 일어나 스웨터에 목도리까지 하고 비가 조금 내려 우산을 들고 집을 나섰다. 그리고 사무실 앞에 다다르자 또다시 내 눈에 들어온 빨간 사과들…. 어제 바닥에 떨어진 사과들을 모두 담아왔는데 그사이 또 이렇게 많이 떨어지다니…. 사무실에서 편지를 건네 받고 나오는데 빨간 사과들이 눈앞에 어른거렸다. 처음에는 서너 개만 손에 쥐고 오려다가 결국 손에 들고 있던 우산 속에 손 가는 대로 계속 담게 되었다. 그러고는 금세 무거워진 사과가 담긴 우산을 들고 부슬부슬 내리는 가랑비를 맞으며 집으로 돌아왔다. 그리고… 나의 애플 타르트 만들기는 또 시작되었다. 사과 줍는 행복을 느끼게 해준 아파트 측에 나의 맛있는 애플 타르트를 구워가야 할까 보다.

맛있는 빨간 사과와 함께 로즈 트리 빌리지에서의 나의 생활은 기분 좋게 시작되었다. 곧 열매도 지고, 잎도 지고 메마르고 앙상한 가지만 남겠지만 지금의 이 훈훈한 기억들을 되새기며 추운 겨울을 나야겠다는 생각이 든다.

인생도 그런 것이 아닐까?

프렌치 애플 타르트 레서피 page 268 >>

ROSE TREE VI

향기 나는 디저트
프렌치 애플 타르트
Thin French Apple Tart

"엄마는 파이 퀸이에요!" 제가 만든 애플 타르트를 맛있게 먹던 경아가 해준 말이랍니다. 제가 잘 만들어서가 아니라 레서피 그대로만 따라 하면 정말 만들기 쉽고 누구라도 맛난 애플 타르트를 만들 수 있어요. 식사 후에 가볍게 즐길 수 있는 디저트로 너무 좋은, 크러스트가 얇고 바삭바삭한 맛있는 프렌치 애플 타르트예요. 하루라도 애플 타르트를 굽지 않으면 눈에 아른거려 다음 날 또 구워 먹게 되는 중독성이 아주 강한 타르트지요. 그날도 저는 주방에서 또 애플 타르트를 굽고 있었어요. 그런데 독감 예방주사를 맞은 현정 씨에게서 문자가 왔어요.

"언니, 저 몸살 났어요. 아마도 예방주사 후유증인 듯…"

저는 애플 타르트를 오븐에서 꺼내자마자 불빛이 어두운 깜깜한 밤거리를 조심조심 운전하며 따끈한 애플 타르트를 가져다주었어요. 아파서 하루 종일 아무것도 못 먹었다는 현정 씨는 얼굴이 반쪽이 되어 있더라고요. 파이만 전해주고 바로 집으로 돌아왔는데 문자가 또 왔어요. "언니, 고마워요. 맛있게 잘 먹었어요. 좀 힘이 나네요. 원이도 맛있게 먹었고요. 감사드려요. 콜록콜록…" 나중에 들은 말로는 정말로 애플 타르트를 먹고 감기가 나았다고 해요. 지금은 멀리 앨라배마로 이사를 가서 함께 나눠 먹고 싶어도 나눌 수가 없네요.

현정 씨네 가족, 모두 많이 보고 싶습니다….

4

4

 **1 크러스트** – 큰 믹싱 볼에 중력분+소금+실온에 녹인 버터를 넣고 섞은 후 물을 넣고 손으로 빨리 반죽해 공 모양으로 빚은 뒤 랩을 씌워 실온에 1시간 두세요.

2 1시간 후 오븐을 218°C(425°F)로 예열하세요.

3 볼에 설탕과 계핏가루를 섞어두세요.

4 바닥과 밀대에 밀가루를 묻힌 후 ①의 반죽을 얇게 밀어요. 타르트 팬에 얇게 민 반죽을 잘 올려 놓고 가장자리를 예쁘게 손질한 다음 ③을 2/3 정도 분량으로 골고루 뿌리세요. 껍질 벗긴 사과를 얇게 썰어 팬의 바깥 주변부터 큰 크기의 사과부터 돌려서 담아주세요. 그리고 남은 ③을 사과 위

에 다시 골고루 뿌리고 꿀이나 오렌지 마멀레이드를 사과 위에 골고루 브러싱하세요. 꼭 브러싱을 해야 구웠을 때 타르트 표면이 아주 윤기가 나고 예뻐요.

5 예열한 오븐에 넣어 30분 정도 굽는 데 시간이 부족하면 타르트에 물이 생겨요. 오븐마다 조금씩 다를 수 있으니 30분가량 구웠는데도 물이 생긴다면 조금 더 구우세요. 오븐을 열어보아 사과 아래에서 뽀글뽀글 거품이 일어나면 적당히 잘 구워진 거예요. 구워지는 동안 사과와 계피 향이 집 안 곳곳에 퍼진답니다. 비가 살짝 내리고 추운 날에는 특히 향이 좋답니다.

* **크러스트** : 중력분 3/4컵(135g) · 소금 1/4ts · 실온 보관 무염 버터 4 1/2TS(64g) · 물 4TS
* **필링** : 작은 홍옥 사과 5개 · 설탕 3TS · 계핏가루 1/2ts · 꿀 또는 오렌지 마멀레이드
* 20cm 타르트 팬 3호

꽃이 활짝 핀
서양배 피칸 타르트
Pear Tart with pecan Crust

부드러운 서양배로 타르트를 만들어보셨나요? 제가 미국에 와서 제일 적응이 안
되었던 과일 중의 하나가 바로 배였답니다. 모양은 참 귀엽고 예쁘게 생겼는데 한
국의 아삭아삭한 배 맛에 길들여진 저로서는 말로 표현할 수 없는 약간 희한한 맛
이 느껴지는 미국 배가 참 맛이 없었어요. 그런데 미국 생활 6년째로 접어들면서
신기하게도 어느 날부터인가 맛있어지기 시작하더라고요. 그 후로는 배를 자주
사다 먹게 되었고, 배를 이용한 맛있는 베이킹 레서피를 찾아 여기저기 검색하던
중 배로 만든 타르트를 발견하게 되었어요. 처음 시도해본 저의 서양배 타르트는
온도 조절이 조금 미숙해 표면을 살짝 태우고 말았답니다. 레서피대로 45분 동안
구웠는데 말이에요. 오븐마다 약간의 차이가 있는 듯해요. 비록 살짝 태우기는 했
지만 오븐 속에서 구워져 나오는데 활짝 핀 꽃 모양의 타르트 모양이 어찌나 예쁘
던지요. 식히느라 2시간을 기다리는데, 시간이 정말 더디게 가더라고요. 드디어
2시간이 지나고…. 한 조각 잘라 맛을 보니 제가 상상한 것보다 더 맛있는 타르트
가 만들어졌더라고요. 생강과 배의 조화가 정말 놀랍도록 잘 어울리고 많이 달지
도 않아서 아주 가볍게 즐길 수 있는 디저트예요. 한국의 맛있는 꿀배로 만들어도
정말 맛있을 것 같아요.

서양배 (Barlett Pears · 주먹보다 작은 크기) 5개 (혹은 서양배 통조림) · 생강가루 2ts · 설탕 1/3컵 · 녹말 2TS · 소금 1/2ts

크러스트: 중력분 1컵 · 설탕 1/4컵 · 차가운 쇼트닝 2TS · 잘게 썬 피칸 1/2컵 · 차가운 버터 2TS

*지름 20cm 타르트 팬 3호

1 아주 잘 익은 주먹보다 작은 크기의 부드럽게 익은 배를 5개 준비하세요. 배가 사각사각하면 실내에 며칠 보관했다 부드러워진 후 사용하세요. 미국에는 발렛 (Barlett)이란 배가 있는데 타르트를 만들 때 사용하면 아주 맛있어요. 푸른 색의 사각거리는 배를 며칠 두면 노랗게 익으면서 연해진답니다.

2 오븐을 220℃ (425 ℉)로 예열하세요.

3 **크러스트** — 믹싱 볼에 중력분+설탕을 넣고 손 거품기로 살짝 섞은 다음 차가운 상태의 쇼트닝을 넣고 주걱으로 잘 섞어요. 이것을 푸드 프로세서에 담고 차가운 상태의 버터를 잘게 썰어 함께 잘 섞이도록 몇 초간 돌리세요. (미니 푸드 프로세서는 분량을 두 번에 나누어서 돌리세요.) 여기에 잘게 썬 피칸을 넣어 잘 섞어요.

4 ③을 타르트 팬에 넣고 손으로 바닥과 옆면을 다독이면서 메워요. 조금 부서지더라도 계속 다독이다 보면 모양이 만들어져요.

5 배는 껍질을 벗기고 씨를 빼서 두툼하게 두께의 슬라이스해 넓은 그릇에 담으세요. 여기에 생강가루+설탕+소금+녹말을 넣어 실리콘 주걱으로 살살 버무려요.

6 ④에 ⑤를 가지런히 담으세요. 예열한 오븐에 팬을 넣어 40~45분 정도 타지 않게 구우세요.

TIP !

* 오븐에서 꺼낸 타르트는 2시간 정도 식힌 후 먹으면 맛도 좋고 썰 때 깔끔하게 아주 잘 썰어진답니다.

* 서양배 통조림은 온라인으로 구입할 수 있어요.

가을을

더욱 풍요롭게 해주는

다홍빛 호박들pumpkins을

주변 어디에서나 볼 수 있는 즐거움….

가만히 바라보다 보면

그 아름다운 빛깔에

어느새 마음까지

발그스레 물들어간다.

포트 콜린스의 올드 타운 풍경 (Old Town in Fort Collins)

새콤달콤
러스틱 베리 타르트
Rustic Berry Tart

파이에 맛을 들인 후부터 과일만 보면 파이나 타르트를 만들고 싶어 안달이 난답니다. 타르트는 평소 즐겨 먹던 케이크보다 과일의 산뜻한 맛 때문에 자꾸만 더 먹고 싶어지는 디저트예요. 경아가 함께 있으면 참 맛나게 먹을 텐데, 만들어놓고 혼자 먹으려니 어찌나 미안하던지요. 학교 공부와 작업의 양이 점점 많아져 집에 오는 횟수가 점점 줄어들고 있는 경아에게, 집에 오면 꼭 만들어주고 싶은 레서피가 또 하나 늘었네요. 모양도 예쁘고 맛도 좋은 베리 타르트를 만들어보세요. 아이들이 참 좋아할 거예요.

* **크러스트** : 중력분 180g · 소금 1/2ts · 설탕 1TS · 차가운 무염 버터 113g · 차가운 물 1/4컵(60㎖)
* **필링** : 믹스드 베리 [딸기 · 라즈베리(산딸기) · 블랙베리(오디) · 블루베리 등] 450g · 설탕 20g · 다진 레몬 껍질 1개 분량 · 중력분 1~2TS
* 지름 20cm 타르트 팬

1 차가운 버터를 작게 썰고 푸드 프로세서에 중력분+소금+설탕을 넣어 한 번 돌린 다음 버터를 넣어 15초 정도 돌리고 나서 차가운 물을 넣고 30초 정도 더 돌리세요. (30초 이상 돌리지 마세요.)

2 ①의 반죽을 손으로 재빨리 주물러 작은 공처럼 빚은 후 랩을 씌워 냉장고에 1시간 보관하세요.

3 필링—믹스드 베리+설탕+다진 레몬 껍질+중력분을 고루 섞어요.

4 차가워진 ②의 반죽을 밀대로 타르트 팬보다 큰 원형으로 밀어요. 팬에 반죽을 올려놓고 필링을 담은 후 크러스트를 오므리고 커버를 씌워 냉장고에 넣어 30분가량 보관하세요. 그 동안 오븐을 200℃(400℉)로 예열하세요.

5 냉장고에서 꺼낸 타르트를 예열한 오븐의 중간 위치에 넣고 25~30분 정도 필링 가운데에서 바깥쪽으로 기포가 생길 때까지, 그리고 크러스트가 노릇노릇해질 때까지 구워요.

TIP !

라즈베리(산딸기)와 오디는 온라인으로 구매할 수 있고, 혹은 딸기를 듬뿍 넣어 만들어도 맛있는데 좋아하는 베리 종류라면 어느 것이든 좋아요.

행복을 나누는 사람들

−2010년 8월 13일의 일기

포트 콜린스의 로컬 아티스트들 모임인 블루밍 트리 스튜디오를 만들고 가든에서 처음으로 작은 전시회를 연 낸시와 루스, 저네이, 베카, 아리아와 나는 2010년 11월에 있을 우리들만의 큰 전시회를 준비하고 있다. '자연 속의 색의 경험 Experience of Color in Nature'이란 주제로 각자 개개인의 작품을 준비하는 동시에 함께 만드는 프로젝트를 계획했다. 그룹 프로젝트를 위해 낸시의 집에 모인 어제는 유난히도 하늘이 아름다웠는데 아이처럼 소풍이라도 가고 싶은 마음이 굴뚝 같았다. 하지만 우리는 낸시 집에 모여 작업 삼매경에 빠졌다. 작은 캔버스 20개에 우리의 로고인 블루밍 트리 Blooming tree를 그려 넣고, 색채를 입힌 뒤 그 위에 여러 가지 재료로 장식하려고 한다. 벽에 작은 캔버스를 하나하나 걸어서 다시 하나의 큰 이미지로 재탄생시키는 작업이다. 함께 만들어내는 작은 이미지마다 각자의 개성이 묻어난다. 그래서 더 재미있는 작업이다. 다른 사람 작품과 같을 필요도 없고 각자 표현하고 싶은 대로 자유롭게 표현할 수 있다는 것, 함께 한 공간에서 작업한다는 것은 참 즐거운 일이다. 우리는 스테인드글라스, 퀼트, 소품 제작, 페인팅, 드로잉, 사진 등 저마다 다른 재능을 지니고 있는데, 개중에는 페인팅을 전혀 해보지 않은 사람도 있기에 이번 작업은 더 큰 의미가 있다. 부족한 부분을 서로 채워줄 수 있는 작업이기에, 그리고 미숙하지만 서로 함께 나눌 수 있는 시간이기에…. 아주 근사한 작품이 아니어도 괜찮다. 함께하는 시간이 즐겁고 우리의 손끝에서 만들어지는 작품이라 더 소중할 뿐. 다른 사람들도 아마 나와 같은 생각일 것이다.

그렇게 작업에 열중하다 보니 어느새 4시간이 훌쩍 지나가버렸다. 배가 고파진 우리는 각자가 준비해온 음식을 먹으면서 즐거운 담소를 나누었다. 나는 베카(희주)가 먹고 싶다는 잡채와 피칸 크러스트에 올린 서양배 타르트를 만들어 갔는데 잡채는 역시 인기였고, 서양배 타르트 또한 모두들 너무 맛있다고 몇 번씩 말하면서 별 5개 Five Star를 주었다! 낸시는 햄버거와 집에서 직접 기른 온갖 종류의 푸르고 노란 호박을 이용해 맛있는 스튜를 준비했고, 삼촌이 기르셨다는 옥수수를 쪄온 아리아와 타코를 가져온 루스, 맛있는 아이스크림을 가져온 저네이…. 모두 모두 너무 감사하다. 그뿐만 아니라 식사하는 중에 낸시가 들려준 조용한 클래식 음악이 있어서 더 행복했다.

(왼쪽부터)나, 토비, 아리아, 낸시와 함께

또 하나, 모두의 사랑을 한 몸에 받은 강아지 토비…. 오늘은 모두 작업하느라 바빠서 관심을 별로 보여주지 않았더니 시무룩 모드다. 덩치는 사람보다 큰 녀석이 어찌나 애교가 많은지…. 일주일에 한 번씩 토비를 만나다 보니 어느새 토비가 좋아지고 있다. 낸시 집에 들어서면 사람을 잘 따르는 토비가 흥분한 나머지 그 큰 몸집으로 경중경중 뛰며 나에게 돌진해오는데, 한순간에 토비의 육중한 몸무게로 인해 휘청거리게 된다. 늘 내게 무한한 사랑을 열정적으로 퍼부어서 버겁기만 한 녀석이었는데, 그래서 가끔은 일부러 토비의 시선을 피하곤 했는데 그런 나의 마음을 토비가 알아챈 걸까? 이젠 과격한 애정 표현은 자제하는 것처럼 보인다. 대신 앞발을 내 손에 살포시 얹기도 하고, 그 큰 얼굴을 내 무릎에 아기처럼 파묻기도 한다. 다음에 만나면 많이 많이 예뻐해줄게, 토비야….

저녁 식사 후 블루밍 트리는 좀 더 완성이 되었다. 아직 미완성이고 더 채워야 할 것이 많아서인지 다음 작업 시간이 더 기다려지고 설렌다. 퀼트 전문가인 루스는 페인팅이 처음이지만 모두가 용기를 북돋워주자 힘을 얻어 아주 열심히 작업했다. 따뜻한 사람들과 함께여서 더 행복했던 시간…, 모두에게 감사한다.

《《 서양배 피칸 타르트 레서피 page 272

저네이

아리아

낸시의 아름다운 정원

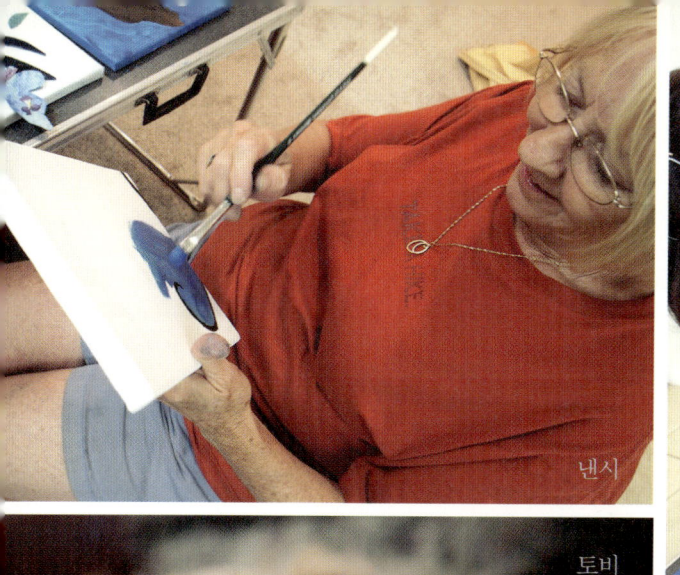

낸시

토비

어느새 봄기운이…

겨울이 오나 보다 했는데…
벌써 봄기운이 느껴진다…

추위를 느낄 새도 없이 겨울이 가고 있다.

함께 만드는 행복

Cookies

프렌치 버터 케이크 마들렌
French Butter Cakes Madeleines

어릴 적 어머니께서 자주 만들어주시던 마들렌이에요.
아쉽게도 지금은 어머니의 레서피를 알 수 없지만
인터넷에서 찾아낸 저만의 맛있는 레서피로 어머니의
고소한 마들렌을 추억하며 만들어 보았답니다.

* 24개 분량
달걀 2개 · 바닐라 익스트랙 3/4ts · 소금 1/8ts · 셜탕
1/3컵 · 중력분 1/2컵(70g) · 레몬 껍질 간 것 1TS ·
무염 버터 1/4ts · 슈거 파우더(장식) 적당량
* 조가비 팬

1 오븐을 190℃(375℉)로 예열하세요.
2 버터는 녹여서 실온에 놔두고,
중력분은 체에 쳐놓아요.
3 작은 믹싱 볼에 달걀+바닐라 익스트랙+소금을
넣고 핸드 믹서로 연한 노란색이 될 때까지 돌리되
설탕을 조금씩 넣으면서 걸쭉하고 크림빛이
날 때까지 계속 빠른 속도로 5~10분 정도
돌리세요.

4 체에 친 중력분에 ③을 한 번에 1/3
정도씩만 넣어 실리콘 주걱으로 포개듯이
섞으세요. 여기에 간 레몬 껍질을 넣고 실온에
녹인 버터를 그릇의 가장자리에 살며시 부어
섞어요.
5 조가비 팬에 브러시로 녹인 버터를 바르고,
밀가루를 살짝 입힌 후 ④의 반죽을 수저로
팬의 윗부분까지 떠 넣으세요.
6 예열한 오븐에 넣어 14~17분 정도
마들렌이 갈색이 될 때까지 구워요. 포크의
끝 부분을 이용해 마들렌을 팬에서 빼내어
식힘망에 올려 식힌 다음 슈거 파우더를 솔솔
뿌려 장식하세요.

고소한 피넛 버터 쿠키 Peanut Butter Cookies

어릴 적 피넛 버터 크림이 맛있어 수저에 듬뿍 올려 크림만 먹던 기억이 있나요.
요즘도 달콤한 음식이 먹고 싶을 때면 피넛 버터를 큰 수저에 담아 아이처럼 떠먹
곤 한답니다. 피넛 버터는 아이들이 참 좋아하는 크림이지요. 고소한 피넛 버터를
넣어 쿠키를 구워보았어요.

* 24개 정도 분량

중력분 1 1/4컵 · 베이킹파우더 1ts · 소금 1/2ts · 쇼트닝 1/2컵(104g)
· 피넛 버터 1/2컵 · 설탕 1/2컵(100g) · 바닐라 익스트랙 1/2ts · 달걀
1개 · 황설탕 1/2컵(110g) · 다진 땅콩 또는 호두 1/2컵

* 베이킹 종이 · 쿠키 팬

 **1** 오븐을 190℃(375℉)로 예열하세요.

2 중력분+베이킹파우더+소금을 고운체에 쳐놓아요.

3 믹싱 볼에 쇼트닝+피넛 버터+설탕+바닐라 익스트랙+달걀
을 함께 섞어요.

4 ②+③+다진 견과류를 잘 섞으세요. 쿠키 반죽은 좀 되직해야
해요.

5 쿠키 팬에 베이킹 종이를 깔고 ④의 반죽을 작게 빚어 3cm 간
격을 두고 올려놓아요.

6 예열한 오븐에 넣어 10~12분 정도 구워요.

영원한 학생

며칠전 이었다. 중고 물건을 파는 상점^{thrift store}에서 내가 그린 그림을 끼울 마땅한 액자를 찾고 있었다. 그때 옆에서 한 여자 분이 내게 말을 걸어왔다. "그림을 그리나요?" 고개를 들고 쳐다보니 곱게 나이를 드신 60대 중반 정도 되어보이는 아주머니께서 얼굴에 잔잔한 미소를 머금고 나를 쳐다보고 계셨다. "제가 그림을 그리는 걸 어떻게 아셨죠?" 화들짝 놀란 얼굴로 그분을 쳐다보니 자신도 그림을 그린다고 하셨다. "꽃 그리는 걸 좋아하나요? 아님 풍경?" 이렇게 우리의 이야기는 시작되었다. 그분도 자신의 그림을 넣을 액자를 고르기 위해 들렀다고 하시며 그림 그리는 재료는 주로 어떤 걸 사용하는지 물으셨다. 난 작년에 학교를 졸업하고 줄곧 아크릴 물감만 사용해왔다고 답하고, 유화나 수채화도 꼭 그려보고 싶지만 너무 어려울 것 같아 아직 엄두를 못 내고 있다고 했다. 그러자 아크릴이나 유화는 수정이 자유롭지만 수채화는 수정이 힘들기 때문에 처음부터 잘 계획하고 그림을 그려야 한다는 말씀을 하시면서 참 인상적인 말을 덧붙이셨다.

"나는 영원한 학생이랍니다" 라고 말하며 환한 미소를 지으셨는데 그 얼굴이 참 행복해 보였다. "아! 그렇군요. 잠시 잊고 있었어요. 저도 영원한 학생이고 싶어요."

즐거운 대화였다는 인사를 남기고 자리를 뜨신 그분의 고운 얼굴과 목소리가 집에 와서도 계속 여운으로 남았다. 그리고 그분을 생각하며 그동안 엄두도 못 내고 있던 유화를 시도해보았다. 그림을 처음 시작하는 학생의 마음이 되어 떨리는 마음으로 붓을 들었다. 어떻게 칠해야 할지 막막했지만 무작정 해보기로 한 것이다. 직접 해보면서, 실수도 해가면서 배울 수 있다는 것을 알기에…. 유화 물감은 아크릴처럼 빨리 마르지 않기 때문에 색을 섞으며 그릴 수 있다는 장점이 있지만 잘 마르지 않아서 조심조심 칠해야 했다. 그런데 느낌이 너무 좋다. 붓이 캔버스에 닿는 느낌이 아크릴 물감과는 비교도 안 되게 너무 부드러웠다. 무엇보다 매력적인 것은 서로 다른 색들이 쉽게 섞여 또 다른 멋진 색을 만들어내는 것이다.

아크릴 물감으로는 힘들게 해야 했던 작업이 유화 물감으로 하니 훨씬 수월한 느낌이다. 지금 캔버스에 옮겨진 유화물감은 겉으로 보기엔 완전해 보이지만 아직은 마르지 않아 조금만 건드려도 형체가 망가진다. 마르는 데 일주일 이상 걸리겠지만 그 시간이 지나고 나면 캔버스에서 각각의 색채가 제각기 자리를 굳건히 지킬 것이다. 마르는 데 시간이 너무

정혜경, '포트 콜린스 가든(Fort Collins Garden),' 캔버스에 유화.

오래 걸려 시도해보지 않은 유화를 그려보면서 무엇이든 재빨리 결과를 보고 싶어 하고, 무엇이든 빨리 하려고만 하는 나 자신을 반성하게 되는 계기가 된 것 같다.

마르고 난 후의 모습과 액자 속에 끼워질 나의 첫 유화가 어떤 모습일지 기대된다. 두 번째 유화로 며칠 전 중고 상점에서 구입한 앤티크 느낌의 꽃 문양이 장식된 작은 나무 액자에 넣을 그림을 그리려고 한다.

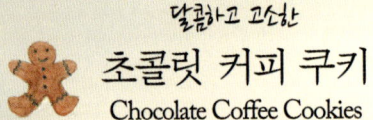

초콜릿 커피 쿠키
Chocolate Coffee Cookies

차가운 음식만 찾게 되는 무더운 여름 어느 날, 경아와 저는 달
콤한 유혹을 못 이겨 오븐을 오래 사용하지 않아도 되는 쿠키를
오랜만에 구웠답니다. 입에서 부드럽게 녹아 드는 초콜릿 커피
쿠키인데, 초콜릿과 커피 그리고 호두의 깊은 맛을 즐길 수 있
어요. 쿠키 표면에 고소하고 영양 많은 호두, 피칸, 아몬드 등을
얹어 만들어보았는데요, 커피에 살짝 담갔다 먹어도 맛있답니
다. 경아가 주도해서 만들고 저는 옆에서 조수 역할을 하며 함
께 만든 쿠키랍니다.

* 60개 정도 분량

중력분 1 1/2컵 · 코코아 파우더(무가당) 3/4컵 · 인스턴트커피 가루 2TS · 소금 1/4ts · 계핏가루 1/2ts · 실온 보관 무염 버터 340g · 설탕 1컵 · 달걀 1개 · 바닐라 익스트랙 1 1/2ts · 오렌지 주스 1TS · 견과류(호두 · 피칸 · 아몬드) 또는 로 슈거(raw sugar) 약간씩

* 베이킹 종이 · 쿠키팬

 **1** 오븐을 180 ℃(350 ℉)로 예열 하세요.

2 믹싱 볼에 체에 두 번 친 중력분+코코아 파 우더+커피 가루+소금+계핏가루를 넣고 고 루 섞어요.

3 다른 믹싱 볼에 실온에 두어 부드러워진 버 터+설탕을 넣고 핸드 믹서로 크림색이 나면 서 부드러워질 때까지 돌리세요. 반드시 실온 에서 녹인 버터를 사용하세요. 전자레인지에 녹이면 농도가 너무 묽어서 안 된답니다).

4 ③에 바닐라 익스트랙+오렌지 주스를 넣 은 후 달걀을 넣어 핸드 믹서로 다시 한 번 돌 려요. 여기에 ②를 넣어 잘 섞으세요.

5 베이킹 종이를 깔고 ④의 쿠키 반죽을 3 등분하여 올려요. 종이와 함께 쿠키 반죽을 직사각형 모양이 되도록 말아 주세요(3개의 직사각형 반죽). 반죽을 냉장고에 1시간 정 도 넣었다 꺼내 종이를 벗긴 후 길쭉하게 4 등분하세요.

6 굵게 다진 호두나 피칸, 아몬드 또는 반짝 이는 로 슈거를 반죽 표면에 꼭꼭 누르며 붙 인 다음 반죽을 0.8cm 두께로 썰어요.

7 쿠키 팬에 베이킹 종이를 깔고 ⑥의 반죽 을 올려놓은 뒤 예열한 오븐에 넣어 10분 동 안 구워요. 이때 5분 구운 후 쿠키 팬을 앞뒤 로 돌린 뒤 5분 더 구우세요. 구운 쿠키는 식 힘망에 올려놓고 식히세요.

나의 아트 전시회 이야기

2010년 11월 <블루밍 트리 스튜디오 아트 쇼 Blooming tree studios Art Show>라는 타이틀로 나의 아트 전시회가 열렸다. '자연 속의 색 경험 Experience of Color in Nature'이란 테마를 가지고 블루밍 트리 스튜디오의 아티스트 네 명이 함께 준비한 전시회였다. 각자의 작품을 전시하고 그동안 일주일에 한 번씩 만나서 그룹 작품도 만들어 전시회에 선보였다. 나는 아마추어 포토그래퍼이고, 사실 미술을 접한 지 얼마 되지 않은 초보 아티스트인데, 넓은 공간에서 그동안 내가 작업해온 것을 한데 모아 많은 분들께 보여드릴 수 있어서 너무 감사하고 내게는 아주 뜻깊은 전시회였다.

미국 콜로라도 주의 작은 도시인 포트 콜린스에는 매달 첫 번째 금요일이면 '첫 번째 금요일 갤러리 거리 First Friday Gallery Walk'라고 부르는 이벤트가 열린다. 갤러리들이 밀집한 다운타운에서 매달 첫 번째 금요일에 모든 갤러리가 다과를 준비해놓고 문을 열어놓는다. 그리고 대부분 새로운 작품들로 바꾸어놓기 때문에 많은 사람들이 첫 번째 금요일이면 새로운 미술 작품을 보기 위해 모여든다. 바로 그 첫 번째 금요일에 블루밍 트리 스튜디오의 아트 쇼를 시작하였다. 장소는 아트 랩 Art Lab이라는 아주 넓은 공간이었는데 여러 곳의 후원을 받아 로컬 아티스트들에게 장소를 무료로 제공해주는 곳이다. 미술 전시회뿐만 아니라 음악 공연도 할 수 있고, 많은 아티스트의 작품 활동을 지역 주민들이 보다 더 쉽게 접하도록 돕는 매개체 역할도 하고 있다.

장소만 제공하기 때문에 전시회 전날과 당일에 우리 네 명의 아티스트들은 어떻게 전시할 것인지 직접 구상하며 테이블과 전시회에 필요한 모든 것을 각자 집에서 가지고 와 작품을 벽에 직접 걸고 만반의 준비를 했다. 나는 집에 있는 조화를 모두 가지고 가서 전시회장의 분위기를 따뜻하게 만들고, 창가 쪽에는 나의 사진을, 그리고 안쪽에는 나의 그림을 걸었다. 오픈 준비를 하다 보니 어느새 해가 지고 있었는데 하늘의 노을도 너무 아름다웠다.

오픈 시간은 오후 6시. 그런데 30분 전부터 사람들이 들어오기 시작했다. 정말 많은 분이 찾아왔는데 썰물과 밀물처럼 쉬지 않고 사람들의 발걸음이 계속 이어졌다. 아리아 Aria는 준비해온 경쾌한 리듬의 음악을 틀어놓았는데 오신 분들이 음악에 맞춰 춤을 추기도 했다. 남녀노소 참 다양한 연령층이 찾아왔다. 나는 사람들 뒤에 서서 때로는 그들이 작품을 보면서 어떤 이야기를 하나 귀를 쫑긋 세우며 듣기도 하고, 사람들에게 다가가 내 소개를 하면서 함께 이야기를 나누기도 했다. 영어가 유창하지 못하기 때문에 속 시원하게 내가 하고 싶은 말을 다할 수는 없었지만 그래도 함께 생각을 나눈다는 것은 정말 기분 좋

은 일이었다.

전시회에서 미술 작품들 못지않게 인기가 많았던 것은 내가 구워간 초콜릿 미니 와플 쿠키와 펌프킨 후피 파이였는데 첫날 구워간 초콜릿 미니 와플 쿠키는 2시간 30분 만에 그릇이 다 비워지는 일까지 생겼다. 어떤 분은 레서피를 물어보기도 했고, 어떤 분은 돌아갔다가 30분 후에 쿠키를 먹기 위해 다시 찾아오기도 했다. 그런데 안타깝게도 그때는 이미 쿠키가 다 떨어지고 난 후였다. 전시회에 와준 것만도 감사한데 쿠키까지 맛있게 먹고 가서서 정말 행복했다. 전시회 첫날, 밤늦게 집에 돌아온 나는 경아와 함께 새벽까지 다음날 가져갈 쿠키를 또 한바탕 굽기 시작했다. 몸은 많이 피곤했지만 맛있게 드신 분들을 생각하니 또 굽지 않을 수가 없었다. 고맙게도 경아가 도와주어서 가능했다.

진시회 마시막 날, 낳은 분들이 다녀가고 난 후의 텅 빈 갤러리를 뒤로한 채 전시회를 끝내고 집으로 오는 길은 마음이 좀 공허했다. 하지만 가로수에 소박하게 박혀 은은하게 빛나는 은빛 가로등을 보며 마음이 조금은 따뜻해졌다. 지금은 다시 평범한 일상으로 돌아와 하루하루 또 다른 이야기를 만들어가기 위해 조금씩 나아가고 있다.

초콜릿 미니 와플 쿠키 레서피 page 302 フフ
펌프킨 후피 파이 레서피 page 306 フフ

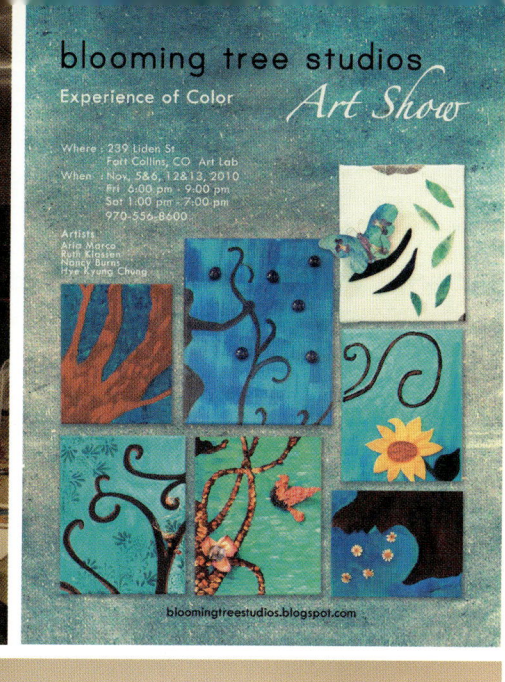

blooming tree studios

Experience of Color

Art Show

Where : 239 Liden St
Fort Collins, CO Art Lab
When : Nov, 5&6, 12&13, 2010
Fri 6:00 pm - 9:00 pm
Sat 1:00 pm - 7:00 pm
970-556-8600

Artists
Aria Marco
Ruth Klassen
Nancy Burns
Hye Kyung Chung

bloomingtreestudios.blogspot.com

초콜릿 미니 와플 쿠키
Waffle Chocolate Cookies

와플 기계를 이용해 만든, 마치 흰 눈이 내린 듯한 초콜릿 미니 와플 쿠키랍니다. 레서피를 보고 설탕 양도 줄이고 재료의 전체 분량도 줄여서 만들었어요. 다 굽고 나서 하얀 슈거 파우더를 솔솔 뿌리니 정말 예쁘더라고요. 물론 맛도 아주 좋고요. 아침부터 쿠키 만들고 사진 찍느라 정신이 없어 점심 준비도 잊은 저는 미안한 마음에 큰아이에게 쿠키와 우유 한 잔을 먼저 건네주었답니다. 원래 단 음식을 별로 안 좋아하는 아이인데 맛있게 먹더라고요. 구운 쿠키를 앞집과 아파트 사무실에 조금 가져다 드렸어요. 앞집에는 인테리어 감각이 뛰어난 아주머니가 살고 있어요. 그분이 아파트 입구를 아름답게 꾸며놓아 덕분에 저도 오가면서 기분이 좋아져서 감사하는 마음으로 쿠키를 가져다 드렸답니다. 사무실에서도 쿠키를 받으며 모두들 얼굴에 미소가 한 가득이었어요. 작은 것에 고마워할 줄 알고 감동받을 줄 아는 분들이 계셔서 저 또한 행복했답니다.

* 레서피 출처 : www.themeaningofpie.com

2

3

4

* 33개 분량
중력분 160g · 베이킹파우더 1/4ts · 소금
1/8ts · 베이킹용 초콜릿 칩(80g) · 무염 버
터 1/2컵(113g) · 설탕 1/2컵(60g) · 달걀 2
개 · 바닐라 익스트랙 1ts [버터 · 슈거 파
우더약간씩]
* 전기 와플 기계

 **1** 믹싱 볼에 중력분+베이킹
파우더+소금을 넣어 섞어요.
2 작고 깊은 소스 팬에 초콜릿+버터를
넣어 약한 불에서 저으면서 녹여요. 다 녹
인 후에는 소스 팬을 불에서 내려놓고 달
걀을 풀어 넣고, 바닐라 익스트랙도 넣어
손 거품기로 빠른 속도로 잘 섞어요. 여기
에 설탕을 넣어 다시 좀 더 섞어요.
3 ①+②를 한데 넣어 핸드 믹서로 돌려
요. 반죽은 수저로 떠서 흐르지 않는 정

도로 조금 되직한 게 좋아요. 반죽이 너
무 묽은 듯하면 밀가루를 조금 더 넣으세
요. (밀가루 1컵을 잴 때 꽉꽉 눌러 담거
나 살살 담는 정도에 따라서 반죽의 농도
가 조금씩 달라진답니다.)
4 와플 기계를 중간 정도 레벨의 온도로
미리 달군 후 버터를 바르고 ③의 쿠키
반죽을 1TS(납작하게 한 스푼) 얹어요.
반죽이 스푼에서 잘 떨어지지 않으니 다
른 스푼으로 잘 떼어내세요. 반죽을 넓게
펴지 않아도 된답니다. 뚜껑을 덮고 중간
열로 진한 갈색이 되도록 구워주세요. 굽
는 시간이 너무 짧으면 바삭하지 않으니
주의하고, 와플 기계에서 연기가 나더라
도 타지는 않으니 걱정하지 마세요. 구워
진 쿠키는 포크로 조심스럽게 떼어내어
식힘망에서 식힌 후 슈거 파우더를 앞뒤
로 솔솔 뿌려주세요.

한입에 쏙 펌프킨 후피 파이
Pumpkin Whoopie Pie

2010년 11월, 저의 아트 전시회에 오신 분들께 제가 직접 만들어 대접한 펌프킨 후피 파이 레서피를 소개해드립니다. 펜실베이니아 주의 아미시 사람들이 즐겨 만들어 먹는다는 전통적인 후피 파이Whoopie Pie예요. 예전에 아미시 마을의 여자들은 이 파이를 만들어서 일 나가는 농부들의 런치박스에 넣어주곤 했대요. 일터에서 런치박스를 열어본 농부들이 파이를 보면 너무 기뻐서 "후피Whoopie!"라고 외치곤 해, 그 뒤로 후피 파이라고 불리게 되었다고 해요. 주재료는 초콜릿이나 단호박(펌프킨)으로 만든답니다.

단호박이 풍부한 가을과 초겨울 무렵이면 슈퍼마켓이나 일주일에 한 번씩 장을 여는 파머스 마켓Farmers Market에 가득한 주황색 단호박의 발그스름한 색을 보고만 있어도 마음이 풍요로워지는 느낌이 들곤 해요. 그래서 집에 여러 개 사다 놓고 즐겨 보던 단호박을 가지고 만들어보았답니다. 원래는 원형으로 만들어 가운데 크림을 바르는데 저는 별 모양 꼭지를 사용해 좀 더 특별하게 만들어보았어요. 펌프킨 후피 파이는 케이크처럼 아주 부드럽고 한입에 쏙 들어가서 먹기도 간편해요. 제 전시회에 오신 분들도 아주 맛있게 드셨답니다.

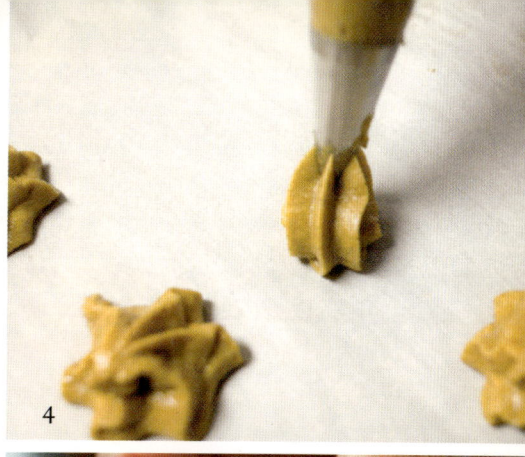

4

6

* 25개 정도 분량

중력분 1 1/2컵(220g) · 소금 1/2ts · 베이킹 파우더 1/2ts · 베이킹 소다 1/2ts · 계핏가루 1TS · 너트메그 1/4ts · 설탕 1/2컵 · 황설탕 1/4컵 · 식용유 1/2컵 · 으깬 찐 단호박(펌프킨 퓌레) 1 1/2컵 · 바닐라 익스트랙 1/2ts · 달걀 1개

* **메이플시럽 크림치즈 필링:** 슈거파우더 1컵 · 실온 보관 무염 버터 1/4컵(57g) · 실온 보관 크림치즈 227g(4온스) · 메이플 시럽 1 1/2TS · 바닐라 익스트랙 1/2ts

* 베이킹 종이 · 쿠키 팬 · 짤주머니 · 별 모양 깍지

 **1** 단호박은 쪄서 으깨두고, 오븐을 180℃(350℉)로 예열하세요.

2 큰 믹싱 볼에 중력분+소금+베이킹파우더+베이킹 소다+계핏가루+너트메그를 넣고 잘 섞어요.

3 다른 믹싱 볼에 설탕+식용유를 넣어 핸드 믹서로 돌린 후 으깬 단호박+바닐라 익스트랙+달걀을 넣어 잘 섞일 때까지 핸드 믹서로 돌리세요. 여기에 ②를 넣고 핸드 믹서로 다시 잘 돌려주세요.

4 쿠키 팬에 베이킹 종이를 깔아요. 짤주머니에 별 모양 깍지를 끼우고 ③의 반죽을 넣어 베이킹 종이 위에 3cm 간격으로 짜놓아요. 예열한 오븐에 쿠키 팬을 넣어 10~12분 동안 구워요.

5 **필링**– 볼에 슈거 파우더+무염 버터+크림치즈+메이플 시럽+바닐라 익스트랙을 담고 핸드믹서로 잘 돌리세요.

6 파이를 팬에서 꺼내 식힌 후 밑면에 ⑤의 필링을 바르고 다른 파이 1개를 붙여주세요.

화이트 초콜릿 코코넛 스노 볼
White Chocolate Coconut Snowballs

콜로라도 주의 겨울은 유난히 춥고 아주 길답니다. 1년 중 절반은 눈을 볼 수 있는 곳이지요. 저는 추위를 많이 타는데도 콜로라도 주의 뽀송뽀송한 하얀 눈은 참 좋아해요. 봄이 가까이 오나 싶었는데 며칠째 눈이 내리고 있어요. 테이블에 앉아 하얀 창밖을 내다보고 있으니 날씨가 으슬으슬한 게 달콤한 디저트가 먹고 싶어지더라고요. 추운 날에는 특히 오븐을 사용하는 따뜻한 베이킹이 더 하고 싶어져요. 어릴 적 눈싸움하던 추억을 떠올리며 눈처럼 하얗고 고소하고 달콤한 스노 볼 쿠키를 만들어보았답니다. 다진 피칸이 버터와 어우러져서 더 고소하답니다. 오븐에서 나온 쿠키를 예쁘게 포장해 겨울이 가기 전에 감사한 마음을 전하고 싶은 분께 저의 마음을 담아 보내드렸답니다.

 **1** 오븐을 180 ℃(350 ℉)로 예열하세요.

2 믹싱 볼에 버터+슈거 파우더를 넣고 핸드 믹서로 부드럽게 잘 섞일 때까지 돌리세요. 여기에 바닐라 익스트랙+푸드 프로세서에 다진 피칸을 넣어 섞으세요.

3 ②에 체에 친 중력분을 넣어 주걱으로 잘 섞고 핸드 믹서로 부드러워질 때까지 돌려요. 반죽을 손으로 잘 빚은 후 1스푼씩 떠서 공 모양으로 만드세요.

4 쿠키 팬에 베이킹 종이를 깔고 ③의 쿠키 볼을 3cm 간격으로 올려놓아요.

5 예열한 오븐에 팬을 넣고 18~20분 정도 쿠키 표면이 살짝 갈색이 될 때까지 구운 다음 꺼내어 식힘망에 올려 식히세요.

6 쿠키를 굽는 동안 화이트 초콜릿은 볼에 담아 전자레인지에 넣어 녹이세요.

7 다 구워진 쿠키에 화이트 초콜릿을 묻히고, 코코넛 플레이크를 담은 그릇에 묻혀 초콜릿이 굳으면 드세요.

7

* 36개 분량
중력분 2컵(260g) · 실온 보관 무염 버터 226g ·
슈거 파우더1/2컵 · 코코넛 플레이크 1컵 · 바닐
라익스트랙 1/2ts · 다진피칸 1/2컵 · 화이트 초
콜릿 100g * 베이킹 종이 · 쿠키 팬

포트 콜린스의 겨울(Winter in Fort Collins)

유난히 춥고 길게 느껴지는

포트 콜린스의 겨울.

일 년 중 6~7달 동안

눈 구경을 할 수 있는 곳이다.

그러기에 따뜻한 봄이 오면

더 감사하고,

고개를 내미는 새싹을 바라볼 때마다

어린아이처럼 해맑은 미소로

작은 행복에 젖는 것인지도 모른다.

6

진저브레드 쿠키
Gingerbread Cookies

진저브레드 쿠키는 미국에서 크리스마스에 즐겨 구워 먹는 홀리데이 쿠키랍니다. 유럽의 가톨릭 신부님들이 특별한 홀리데이나 페스티벌을 기념하기 위해 굽기 시작한 것이 기원 이라고 하더군요. 영국이나 프랑스, 독일에서도 홀리데이나 특별한 날에 구워 먹는다고 합니다. 생강 향이 아주 향기로운 쿠키랍니다.

* 30개 정도 분량
중력분 3 1/8컵(400g) · 생강가루 2ts · 계핏가 루 2ts · 클로브 가루 1/2ts · 베이킹 소다 1ts · 소금 1/2ts · 설탕 1컵 · 실온 보관 무염 버터 1 1/2컵(339g) · 당밀(molasses) 또는 꿀 1/4컵 · 달걀 1개
* **로열아이싱**: 달걀흰자 3개 분량. 슈거 파우더 4컵 * 베이킹 종이 · 쿠키 팬 · 쿠키 커터

 **1** 커다란 믹싱 볼에 중력분+생 강가루+계핏가루+클로브 가루 +베이킹 소다+소금을 함께 넣어 섞은 후 고 운체에 두 번 치세요.

2 다른 믹싱 볼에 설탕+실온에서 무르러워 진 버터+당밀을 넣고 핸드 믹서를 사용해 중 간 속도로 5분 동안 돌려요. 여기에 달걀 1개 를 넣고 잘 섞이도록 좀 더 돌려요.

3 ①에 ②를 조금씩 넣으면서 주걱으로 섞은 후 핸드 믹서의 낮은 속도로 돌린 다음 다시 한번 주걱으로 잘 섞어요.

4 ③의 반죽을 반으로 나누어 플라스틱 용기 에 담은 뒤 냉장고에 2시간 동안 차게 보관하 세요. 그래야 반죽을 밀 때 부서지지 않아요.

5 오븐을 180℃(350℉)로 15분 정도 예열하 세요.

6 ④의 차가워진 반죽을 얇게 밀어 쿠키 커 터로 모양을 찍어요. 쿠키 팬에 베이킹 종이 를 깔고 쿠키 반죽을 올린 뒤 예열한 오븐에 10~12분 동안 구워요.

7 로열아이싱 – 달걀흰자를 핸드 믹서의 중간 속도로 단단해질 때까지 돌린 후 슈거 파우더 를 넣고 잘 섞일 때까지 돌리세요. 점점 속도 를 높이면서 좀 더 단단해질 때까지 약 3분 정 도 더 돌리면 아이싱이 만들어져요.

8 다 구워진 쿠키를 오븐에서 꺼내 식힌 후 아이싱으로 장식하세요.

 # 러스틱 세서미 쿠키
Rustic Crispbread

크리스마스가 점점 가까워지던 어느 날, 예전에 앤티크 숍에서 구입한 프랑스 잡지를 보던 중 저의 시선을 멈추게 한 컨트리 스타일 세서미 쿠키가 있답니다. 크리스프브레드 crispbread 는 유럽에서 몇 백 년 전부터 주식으로 이용해온 음식인데 크리스마스 장식도 할 수 있다고 레서피와 함께 소개되어 있더라고요. 저는 중고 물건 파는 곳에서 구입한 조그마한 유칼립투스 리스에 재활용 레이스를 이용해 쿠키들을 달아보았어요. 그리고 제가 좋아하는 빨간색 새 한 마리를 함께 올려놓으니 아주 예쁜 크리스마스 리스가 만들어졌답니다. 제가 만든 리스를 현관문에 앙증맞게 걸었는데, 꼭 리스가 아니어도 크리스마스트리에 달아도 돼요. 집 안 곳곳에 과자를 걸어두거나 찻잔에 쿠키를 올려놓아도 추운 겨울에 멋지고 포근한 느낌의 장식이 된답니다.

원래 레서피에는 참깨와 검정 양귀비 씨앗 poppy seed 을 사용하라고 나와 있는데 저는 그냥 집에 있던 검은깨를 사용해 만들었어요. 완성된 모양은 양귀비 씨앗으로 만든 것보다 좀 투박하게 나왔어요. 그래도 고소한 게 아주 맛있는 쿠키랍니다. 우유와 함께 먹거나 크림치즈를 발라 먹어도 좋아요.

6

7

* 64개 정도 분량

통밀가루 1 1/4컵(180g) · 중력분 1/2컵(60g) · 소금 1/2ts · 베이킹 파우더 1/2ts · 설탕 1 1/2TS · 차가운 버터 7TS(98g) · 플레인 요구르트 7TS · 차가운 물 7TS · 오트밀 30g · 검은깨 또는 검정 양귀비 씨앗(black poppy seed) 15g · 참깨 15g · 우유(브러시용) 약간

* 베이킹 종이 · 쿠키 팬 · 쿠키 커터

 **1** 통밀가루+중력분+소금+베이킹파우더+설탕을 손 거품기로 골고루 섞어요.

2 ①에 차가운 버터를 작게 썰어 넣은 뒤 푸드 프로세서에 넣어 빨리 돌리세요. 미니 푸드 프로세서를 이용할 때는 두 번에 나누어 돌리세요.

3 믹싱 볼에 ②+플레인 요구르트를 넣고 찬물을 넣어 수 저로 잘 섞은 다음 오트밀+검은깨+참깨를 넣어 손으로 재빨리 반죽하세요.

4 반죽을 동그랗게 빚어 랩을 씌운 뒤 실온에 30분 정도 두어요. 반죽을 만들고 15분이 지나면 오븐을 200°C (392°F)로 예열하세요.

5 바닥에 밀가루를 뿌린 뒤 반죽을 놓고 밀대로 0.3cm 두께로 얇게 밀어요. 가운데 구멍이 뚫린 쿠키 커터를 이용하면 고리에 걸어 장식할 수 있어요. 구멍 있는 커터가 없으면 빨대를 이용해 쿠키 반죽 위에 작은 구멍을 만들면 돼요.

6 쿠키 팬에 베이킹용 종이를 깔고 쿠키 반죽을 올린 후, 브러시에 우유를 조금 묻혀 쿠키 위에 살짝 브러싱한 다음 참깨와 검은깨를 조금 뿌려 장식하세요.

7 예열한 오븐에 팬을 넣어 10~15분 정도 구워요. 10분부터는 중간에 오븐 안을 열어 쿠키가 타지 않는지 잘 살펴보셔야 해요.

 크리스마스 **슈거 쿠키**
Sugar Cookies

슈거 쿠키는 미국의 대표적인 명절인 크리스마스와 추수감사절, 사랑하는 사람을 위한 밸런타인데이에 빼놓을 수 없을 만큼 많은 사랑을 받는 쿠키랍니다. 만들기도 아주 간단하고 은은하게 풍기는 버터의 고소한 맛이 그만이라 쿠키에 자꾸 손이 가게 만들어요.

쿠키에는 아이싱으로 예쁘게 장식을 하기도 하고 제가 만든 것처럼 코코아 파우더를 살짝 뿌려 먹기도 해요. 저는 스텐실 기법을 이용해서 예쁜 크리스마스 모양으로 장식했답니다. 온라인을 통해 스텐실을 막상 구입하고 보니 집에서 만들어도 되겠더라고요. 조금만 수고하면 나만의 예쁜 스텐실이 만들어지는 거죠. 미국은 슈퍼마켓에서 슈거 쿠키를 직접 만들어 파는데 아이싱을 너무 요란하게 장식해 부담스럽더라고요. 그래서 손이 잘 안 갔는데 직접 만들어보니 "아! 맛있다!" 하는 감탄사가 절로 나오고 모양도 너무 예뻤어요.

쿠키를 만들던 날, 학교에 있는 둘째 경아에게 쿠키 사진을 찍어 보내준 다음 문자로 한참 동안 대화를 나눴답니다. "경아야! 엄마가 만든 쿠키야!" "와우! 엄마, 쿠키가 너무 예뻐요!!!" "그렇지? 경아야, 주말에 집에 오면 맛있게 먹을 수 있단다." "헤헤 엄마, 저 요즘 다이어트 중이에요! 먹고 싶지만 먹지 않을 거예요!" 아무리 유혹을 해도 경아의 의지는 단호했죠. 며칠이 지나 살이 쏙 빠져서 집에 온 경아에게 저는 제일 먼저 쿠키 그릇을 들이밀었어요. "경아야, 예쁘지? 맛은 더 좋아!" 요즘 학교에서 작업하느라 힘들던 경아는 끈질긴 엄마의 유혹에 그만 넘어가더라고요. "엄마, 정말 맛있어요!" 그러고는 쉴 새 없이 쿠키를 먹더라고요.

한입 베어 물 때 코코아 파우더가 슈거 쿠키의 고소한 맛과 함께 입안 가득 퍼지는 맛이 좋아요. 크리스마스 때 구워서 가족과 함께 따뜻한 성탄절을 보내세요.

* 40개 정도 분량(지름 7cm 크기)

설탕 1/2컵 · 무염 버터 5TS(65g) · 달걀 1개 · 플레인 요구르트 2TS · 중력분 1 1/2컵(240g) · 베이킹 파우더 1 1/4ts, 소금 1/4ts · 바닐라 익스트랙 1/2ts · 베이킹용 코코아 파우더 적당량

* 베이킹 종이 · 쿠키 팬 · 쿠키 커터(원형) · 스텐실

 **1** 오븐을 200℃(400℉)로 예열하세요.

2 믹싱 볼에 설탕과 실온에서 녹인 버터를 넣어 핸드 믹서로 부드러워질 때까지 돌려요.

3 ②+달걀+요구르트+바닐라 익스트랙을 핸드 믹서로 돌리세요.

4 다른 볼에 중력분+베이킹파우더+소금을 체로 친 다음 ③과 합해 핸드 믹서로 돌리고 나서 손으로 잘 반죽해놓아요.

5 ④의 쿠키 반죽을 밀대로 0.3cm 두께로 민 후 원형 쿠키 커터로 찍어내어 베이킹 종이를 깐 쿠키 팬에 올

려놓으세요. (쿠키 반죽을 냉장 보관하는 과정을 생략하고 반죽한 후 바로 밀었어요. 커터로 찍고 나서 반죽을 떼어낼 때 조심스럽게 떼어내면 아무 문제없답니다.)

6 예열한 오븐에 넣어 8분 정도 구워요. 바삭한 쿠키를 원한다면 8분보다 좀 더 굽거나 얇게 밀어 8분간 구우면 돼요. 도톰하게 구우면 부드럽고 모양이 예쁘지요. 구운 쿠키는 식힘망에서 얹어 식힌 후 스텐실 페이퍼를 쿠키 위에 올려놓고 코코아 파우더를 솔솔 뿌려 장식해요.

스텐실 만드는 법!
두꺼운 종이에 원형 쿠키 커터보다 큰 원형을 그려 자른 후
원 안에 예쁜 모양을 그려서 칼로 오려내면 돼요.

정혜경, '석양 속의 기러기(Geese at Sunset)', 캔버스에 아크릴

석양 속의 기러기

고운 석양빛이 하늘 전체를
신비스러운 붉은색으로 물들이던
몇 해 전 새해 첫날,

추운 날씨에도 불구하고
나는 무작정 카메라를 들고 집을 나섰다.

그리고 운좋게도 나무가 많은 작은 들판에서
또 다른 날의 비행을 위해 휴식을 취하기 위한
밤을 지새울 보금자리를 찾아 하강하던
반가운 한 무리의 기러기와 마주할 수 있었다.

아쉬운 쉼표를 찍으며…

소풍 출판사의 편집장님께서 단순히 음식 레서피만 싣는 요리책이 아닌 블로그에서 보여준 요리 이야기와 일상을 함께 담은 에세이 같은 책을 만들어보자고 제안하셨다. 하지만 부족한 글 실력으로 나의 이야기를 함께 담아내야 한다는 부담감에 처음엔 어찌 해야 하나 싶어 여러 날을 고민했다. 두 아이에게 물어보니 소심한 엄마에게 듬뿍 용기를 북돋워주어 마침내 책을 만들어보기로 결심했다. 마음을 굳힌 뒤에도 설렘과 함께 여전히 걱정이 더 많았다. 사실 언제부터인가 쿠킹 에세이집 같은 것을 만들고 싶다는 생각은 해왔는데 그저 머릿속에서만 서성대는 꿈같은 것이었다. 막연하던 꿈이 이렇게 내 앞에 현실로 나타날 것이라고는 생각지도 못했는데….

하나님께서 하시는 일은 참으로 놀라울 만큼 체계적이라는 것을 새삼 느끼게 된다. 나만의 책을 만들게 되기까지 참 오랜 시간 나를 단련시키셨으니까. 아마도 하나님을 만나지 못했다면 이 모든 것을 나 혼자 스스로 해낸 일이라고 교만한 생각을 했을 것이다. 살아오면서 행복했던 순간과 심지어 힘들었던 순간까지도 지금의 나를 만들어준 밑거름이 되었고, 이 모든 일이 오랜 세월 하나님의 자녀로 사는 것을 거부해온 내게 하나님께서 인내하시며 사랑으로 인도하신 것임을 나는 고백하고 싶다.

쿠킹 북을 만들어보겠다고 마음먹은 이후부터 지금까지 쉼표 없이 그냥 앞만 보고 달려온 느낌이다. 늘 그래왔듯이 어떤 일을 새로 시작하게 되면 강하게 매달리게 되는데 좋은 말로 표현하면 열정일 수도 있고, 다르게 표현하면 집착일 수도 있다는 생각이 든다. 내 머릿속이 온통 그것 외에는 아무것도 생각할 수가 없게 되니 말이다. 계획을 세워 작업을 시작했음에도 불구하고 하루빨리 나의 책이 나오기를 기다리고 있는 분들을 생각하면 잠시라도 작업을 손에서 놓는 것이 불안해서 쉼 없이 달려왔다.

한 권의 책으로 묶기에는 조금 부족한 듯 해 새로운 레서피도 더 만들고, 오래전에 찍은 음식 사진이 마음에 안 들어 하나둘씩 다시 음식을 만들어 새로 사진을 찍기도 했

다. 계속되는 음식 만들기와 그때마다 몇 백 장씩 찍어댄 사진들, 그리고 원고 작업까지…. 그랬더니 결국 몸이 시위를 하고 말았다.

누적된 피곤과 기간 안에 원고와 사진 작업을 모두 끝내야 한다는 생각에 신경을 너무 썼나 보다. 분명히 내가 좋아하는 일을 하고 있는데도 은근히 스트레스를 많이 받은 것 같다. 결국 장이 꼬이는 바람에 며칠 동안 흰죽만 먹으면서도 나의 원고 작업은 계속되었다. 지헌이도 내가 걱정됐는지 "엄마, 제발 좀 쉬면서 일하세요"라며 만류했다. 아이들이 걱정하는 걸 알면서도 마음처럼 쉬어지지가 않았다. 하지만 힘들 때마다 하나님께 기도 드리면서 작업은 순조롭게 잘 진행되었다. 쿠킹과 사진 작업 그리고 원고를 모두 마친 지금, 드디어 끝마쳤다는 속 시원한 마음도 들지만 한편으로는 맛있는 레서피를 독자에게 더 많이 알려주고 싶은 마음에 아쉬움도 남는다.

작업을 시작한 후 계절이 몇 번 바뀌고서야 마무리되었다. 몸이 힘들 때마다 쉬고 싶은 마음이 들기도 했다. 하지만 아이들이 맛있어 보이는 음식 사진을 들고 와서 만들어 달라고 하면 "그래! 엄마가 맛있게 만들어줄게!"라고 말하는 걸 보면 나는 어쩔 수 없는 엄마인가 보다. 그래서 나의 맛있고 따뜻한 이야기는 계속될 것이고, 나중을 기약하면서 잠시 아쉬운 쉼표를 찍으려 한다.

그동안 작업하는 데 물심양면으로 따뜻하게 도와주신 전희경 편집장님께 많은 감사를 드리고, 좋은 인연이 되어주셔서 얼마나 기쁜지 모르겠다. 나의 정신적 기둥이신 하나님, 엄마의 음식이 최고라며 늘 맛있게 먹어준 아이들, 작업에 지친 내게 늘 힘내라고 용기를 주신 부모님과 형제들 그리고 나의 지인들께 깊은 감사와 함께 나의 사랑을 전해드리고 싶다. 모두 모두 감사합니다…, 그리고 사랑합니다….

포트 콜린스에서
정혜경

Cookie Stencil

둥근 원의 바깥선을 잘 드는 칼로 자른 후에
크리스마스 트리를 잘라내세요.

Cookie Stencil

둥근 원의 바깥선을 잘 드는 칼로 자른 후에
진저맨을 잘라내세요.

Cookie Stencil

둥근 원의 바깥선을 잘 드는 칼로 자른 후에
선물상자를 잘라내세요.

Cookie Stencil

둥근 원의 바깥선을 잘 드는 칼로 자른 후에
리본을 잘라내세요.